몸짓으로 깨닫는

고양이
마음 알기

혜지원

목차

1 고양이의 신기한 행동

본능 & 습성

2 고양이의 몸의 비밀

❸ 고양이의 커뮤니케이션

4 고양이 돌보기

주거

5 우리 집 고양이의 못 말리는 행동

공격 행동

배변 활동

6 알아 두면 쓸모 있는 고양이에 대한 지식

표정이나 몸짓, 행동에서 고양이의 기분을 알 수 있는!
고양이 언어 사전!

고양이는 다양한 표정과 몸짓을 사용하며 우리에게 말을 걸어옵니다. 고양이와의 의사소통을 즐기기 위해, 고양이의 말을 제대로 이해합시다.

고양이는 왜 사람처럼 말을 할 수 없는 걸까?

고양이를 포함한 대부분의 동물들이 왜 말을 할 수 없냐면, 사람처럼 모음 자음을 구별해서 소리를 내는 것이 불가능하기 때문입니다. 사람 이외의 동물은 소리를 내는 것보다 사냥에 도움이 되는 후각의 발달이 우선되었기 때문에, 소리를 낼 수 있는 음역이 좁아진 것입니다. 그 대신, 동물은 독자적인 울음소리를 가지고 서로 신호를 보내거나 보디랭귀지로 의사소통을 합니다. 사람이 그것을 이해할 수는 없지만, 그들 나름대로 말을 사용하여 소통을 하고 있습니다.

고양이 언어 ① 고양이의 기분이 드러나는! 고양이 몸짓

고양이는 말을 할 수 없는 만큼, 자신의 기분을 꼬리와 자세로 잘 나타냅니다.

자세

공포심이 강하면 강할수록 몸을 작게 만듭니다. 반대로 공격심이 강할 경우에는 몸을 크게 만들어서 자신을 강하게 보이려고 합니다.

◀ **몸을 작게 만든다**　　　　　　　**몸을 크게 만든다** ▶

공포

몸을 말고 귀를 내리깔아서 자신을 한껏 작게 만든 상태는 강한 공포심을 나타냅니다. 굳이 필요하지 않다면 공격 행동은 나오지 않습니다.

위협

온몸의 털을 세우고 꼬리도 세워서 몸이 크게 보이도록 만듭니다. 공포심을 갖고 있으면서도 '그쪽이 물러나지 않는다면 공격하겠어'라고 상대를 위협하는 신호입니다.

공격

자신감이 있는 상태의 공격 자세입니다. 털을 세우고 몸을 크게 만들어 보이지만 꼬리는 세우지 않습니다. 상대방의 복종을 끌어내려고 하는 신호입니다.

• 릴랙스 신호 •

벌러덩~

안심

정신적으로 안정된 상태입니다. 꼬리는 내려가 있으며 몸에 힘이 들어가 있지 않은 편안한 자세입니다. 평소에는 이 자세를 취합니다.

신뢰

배를 보인다는 것은 어떠한 경계심도 없고 상대방을 신뢰하고 있다는 증거입니다. '어리광 부리고 싶어'라는 기분을 나타냅니다.

꼬리

꼬리의 움직임이나 위치를 통해서도 고양이의 기분을 읽을 수 있습니다. 잘 관찰해 봅시다.

놀자!

꼬리를 U를 뒤집은 모양으로 만들었을 때는 놀자고 하는 신호입니다. 이때의 고양이는 기분이 좋아서 상대방에게 경쾌하게 다가갑니다.

불렀어?

주인이 이름을 부르거나 했을 때, 세운 꼬리를 1, 2회 흔듭니다. 이는 '들렸어'라는 신호로, 대답을 하고 있다는 뜻입니다.

찾았다!

무언가 재미있는 것을 발견했을 때나 먹잇감을 찾았을 때. 다음 행동으로 옮길 추진력을 받기 위해서 꼬리를 쫑긋쫑긋거리며 작게 움직입니다.

내버려 둬.

약 1초의 간격으로 꼬리를 좌우로 크게 붕붕 흔듭니다. 약간 짜증이 난 상태로 기분이 안 좋다는 증거입니다. 가능하다면 가만히 내버려 두도록 합시다.

해볼 테야?!

꼬리털을 세우고 부풀리는 경우는 공포를 느꼈거나 위협할 때의 신호입니다. 놀랐을 때도 갑자기 커집니다.

무서워~

꼬리를 뒷다리 사이로 넣거나, 몸에 착 감았을 때는 무서워하고 있다는 증거입니다. 몸을 작게 보여서 공격을 피하려는 신호입니다.

병을 알리는 신호일 수도?!

고양이 언어 2 **주의가 필요한 고양이의 동작**

고양이는 몸이 안 좋다는 것을 말로 전할 수가 없습니다. 그러므로 고양이가 보내는 신호를 잘 관찰해서 알아차립시다.

물을 많이 마신다

건강할 때의 고양이의 음수량(물을 마시는 양)을 정확히 파악해 둡시다. 신장계의 병에 걸리기 쉬운 고양이에게 음수량의 변화는 몸 상태를 알 수 있는 큰 열쇠가 됩니다. 고양이가 평소보다 많이, 벌컥벌컥 물을 마시는 경우에는 몸에 무언가 이상이 일어나고 있다는 신호입니다.

물의 섭취와 더불어 오줌의 양이 늘어난 경우에는 당뇨병, 신장병, 자궁축농증 등의 병을 생각할 수 있습니다. 평소와 다름이 느껴진다면 물을 마시는 양, 오줌의 횟수, 식사량을 체크해 봅시다.

몸을 심하게 핥는다, 문다

고양이는 그루밍을 즐겨 하는 동물입니다. 그루밍은 몸단장 외에도 기분을 가라앉히기 위한 것이기도 합니다. 그러나 체모가 줄어들 정도로 같은 곳만을 날름날름 핥거나 무는 경우에는 주의 깊게 살펴볼 필요가 있습니다.

고양이는 몸에 이상이 있으면 그 부위를 핥아서 치료하려고 하기 때문에, 이때는 고양이의 맨살을 들여다보면서 상처나 피부에 이상이 없는지 확인합시다. 피부에 이상이 없는 경우에는 다른 병이나 상처, 스트레스가 원인인 경우도 있습니다. 핥는 모습이나 무는 모습, 걸음걸이 등을 잘 관찰해서 수의사와 상담합니다.

가려워한다

뒷다리로 계속 몸을 긁거나, 집요하게 한 곳만을 핥거나 물고, 다리나 입이 닿지 않는 곳은 기둥 같은 데에 비비는 경우도 있습니다. 이런 모습이 보일 경우에 가능성이 가장 높은 것은 피부병입니다. 그러므로 그 부위의 맨살이 빨갛게 되었거나 탈모나 습진, 부종 같은 것이 보이는 경우에는 동물병원으로 데려갑시다.

피부병의 원인으로는 호르몬의 이상이나 알레르기, 진드기나 벼룩, 곰팡이 등을 생각할 수 있습니다. 피부에 이상이 없는데도 가려워할 때는 내장 질환이나 스트레스가 원인인 경우도 있습니다.

11

토한다

그루밍을 했을 때 몸 안에 들어간 털을 토해 내는 것은 생리 현상이기 때문에, 토를 해낸 뒤에도 고양이가 건강하다면 걱정할 필요는 없습니다. 그러나 털 뭉치가 원인인 경우라도 만성적으로 계속 토를 한다면, 식도염일 수 있기 때문에 주의가 필요합니다.

고양이가 토하는 원인은 여러 가지이지만 토를 계속 하거나, 토를 하려고 하는데 하지 못하거나, 토한 뒤에 축 늘어지거나, 토해 낸 것에 피가 섞여 있거나 설사를 동반하는 증상이 있을 경우에는 병일 가능성도 있습니다. 구토가 계속되면 탈수 증상을 일으키므로 매우 위험합니다. 동물병원에서 바로 적절한 조치를 받도록 합시다.

엉덩이를 비빈다

앉은 자세에서 바닥이나 땅에 엉덩이를 대고 질질 끄는 행위입니다. 고양이는 항문의 좌우에 항문낭이라고 하는 주머니 모양의 기관이 있는데, 그 안에는 냄새가 강한 분비액이 담겨 있습니다.

이 분비액은 평소에는 배변 시에 조금씩 몸 밖으로 나오는데, 어떠한 원인으로 인해 배출되지 않고 쌓이거나 세균 감염 등으로 인해 굳거나 하면 가려움이나 고통을 동반하게 되어서 엉덩이를 비비게 됩니다. 이러한 행동은 항문 주위를 상처 입히고 항문낭염을 일으킬 가능성도 있으므로, 항문낭을 짜서 분비액을 배출합시다. 동물병원에서 조치를 받는 것도 좋습니다.

축 늘어진다

고양이는 하루의 대부분을 자면서 보내는 것이 보통입니다. 하지만 불러도 반응하지 않거나 쓰다듬어도 기분 좋아하지 않거나 좋아하는 것에도 반응이 없거나 숨어서 나오지 않는 등, 평소와 다른 상태일 경우에는 병일 가능성도 있습니다. 식욕이 없거나 토를 하거나 만지면 아파하는 등 이상이 없는지를 살펴봅시다.

특히 만지면 아파하는 경우에는 외상 혹은 외상으로 인해 내장이 손상되었을 수도 있습니다. 목숨이 달린 병이나 상처일 가능성도 있으므로, 곧장 동물병원으로 데려갑시다.

배변할 때 힘을 준다

대변을 눌 때나 오줌을 눌 때, 부들부들거리면서 힘을 준다거나 괴로워하는 소리를 낼 때는 먼저 대변을 눌 때인지 소변을 눌 때인지, 그리고 그 다음에 제대로 배변을 하는지를 확인합시다. 배변이 되었을 경우에는 배설물의 상태나 양도 확인합시다.

짧은 간격으로 몇 번이나 화장실을 가는데도 오줌이 전혀 나오지 않을 경우에는 비뇨기계의 병을 의심할 수 있습니다. 게다가 고양이는 변비에 걸리기 쉬운 동물입니다. 배변 자세를 오랫동안 취하는데 대변이 나오지 않는다면 변비라는 신호입니다. 색이 이상하거나 혈액이 섞인 점액질의 변이 나온 경우에는 동물병원으로 가야 합니다.

끄응~!

부르르

머리를 흔든다

반복해서 머리를 흔들거나 기울이거나 하는 경우에는 귀에 이물질이 들어갔거나, 아니면 귀의 병을 생각할 수 있습니다. 귀를 확인해서 질퍽질퍽한 젖은 귀지가 나온다면 외이염, 까맣게 굳은 귀지가 나온다면 귀 진드기를 의심할 수 있습니다. 그대로 방치해 두면 청각 장애로 이어질 우려가 있기 때문에, 자주 귀청소를 해 주는 습관을 들입시다.

또 머리를 흔들거나 기울이거나 할 때의 걸음걸이를 확인하는 것도 중요합니다. 걸음걸이가 어정쩡하거나 한곳을 빙글빙글 돌 경우에는 뇌에 어떠한 이상이 일어났을 가능성이 있습니다.

다리를 질질 끈다

비틀거리며 다리를 질질 끌거나 한쪽 다리를 덜렁거리면서 나머지 세 다리로만 걷는다면 골절이나 탈구, 신경 손상 등일 가능성이 있습니다. 걸음걸이를 관찰해도 아픈 곳이 어디인지 판단이 안 될 경우에는 손으로 살짝 만져 봐서 고양이가 아파하는지를 관찰합시다. 또 전신에 피하 출혈이나 할퀸 자국 같은 외상은 없는지 살펴봅시다.

그 밖에 몸을 비틀거리면서 걸음걸이가 불안할 경우에는 몸의 쇠약이나 뇌와 신경의 이상 등도 생각할 수 있습니다. 서둘러 동물병원으로 데려갑시다.

고양이의 몸 상태도 Check!

동작 이외에도 체크해 두어야 할 포인트가 있습니다. 고양이의 SOS 신호를 알아채기 위해서라도 평소에 관심을 가져 줍시다.

털이 빠진다

고양이는 털갈이 시기라고 해서 털이 빠지고 다시 나는 시기가 있습니다. 그러나 특정 부위만 털이 몽땅 빠지거나 염증을 일으킨 경우에는 피부염일 가능성이 있습니다.

식욕이 없다

새끼일 경우에는 한나절, 성묘일 경우에는 하루 이상 식욕이 없는 상태가 계속된다면, 병이 의심됩니다. 식욕 외에 구토나 설사, 발열은 없는지도 살펴봅시다.

털의 윤기가 나빠진다

몸 상태가 나쁘거나 나이를 먹어서 체력이 없어지면 털 관리의 빈도가 줄어듭니다. 무슨 병을 앓고 있는 않은지 확인할 필요가 있습니다.

순막의 돌출

고양이의 눈에는 눈자위 주변에 순막이라는 흰 막이 있는데, 병에 걸리면 이 순막이 눈의 반 정도까지 덮는 경우가 있습니다.

13

눈, 귀, 표정으로 보는
고양이의 기분

고양이는 희로애락이 표정에 잘 나타나지 않는 동물이라고 하지만, 눈과 귀를 한번 잘 보면 기분의 변화를 알 수 있습니다.

좋다

기분의 정도

나쁘다

귀를 앞으로
향한다

눈은 반쯤
감겨 있다

만족하는 표정

귀를 앞쪽으로 기울이고 눈이 반쯤 감겨 있는 때는 매우 편안한 상태입니다. 이때 목을 가르릉하고 울 때도 있습니다.

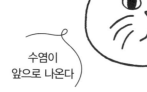

귀를 세워
뒤로 당긴 느낌

수염이
앞으로 나온다

화난 표정

수염을 앞으로 내밀고 귀를 바짝 세웁니다. 이때 귀를 뒤로 당긴 경우에는 자신이 우위에 서 있을 때의 표정입니다.

동공이
동그랗게 된다

입을 크게
벌린다

공격의 표정

공격 직전에는 '하악~'하는 소리를 내면서 상대를 위협하는데, 표정은 입을 크게 벌려 이빨을 보입니다. 그리고 동공을 키우면서 이빨을 드러냅니다. 이때 동공이 확장됩니다.

14

기본 표정

고양이의 표정 변화는 눈과 귀에 잘 나타납니다. 귀는 앞을 향해 세워져 있고, 눈은 밝은 장소에서는 동공이 닫혀 있는 것이 기본 표정입니다. 이것이 고양이의 차분하고 편안한 상태입니다.

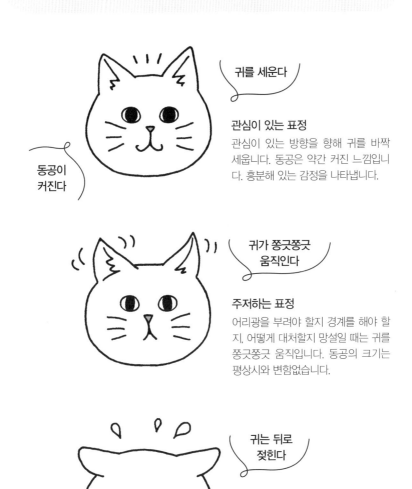

귀를 세운다

동공이 커진다

관심이 있는 표정

관심이 있는 방향을 향해 귀를 바짝 세웁니다. 동공은 약간 커진 느낌입니다. 흥분해 있는 감정을 나타냅니다.

귀가 쫑긋쫑긋 움직인다

주저하는 표정

어리광을 부려야 할지 경계를 해야 할지, 어떻게 대처할지 망설일 때는 귀를 쫑긋쫑긋 움직입니다. 동공의 크기는 평상시와 변함없습니다.

귀는 뒤로 젖힌다

동공이 커진다

무서워할 때의 표정

귀를 보호하기 위한 방어 자세로, 귀를 뒤로 젖힙니다. 혼란스러워하면서 동공이 커집니다. 궁지에 몰리면 공격할 수도 있습니다.

울음소리로 알 수 있는
고양이의 기분의 정도

고양이는 사람과 같은 언어를 말할 수는 없지만, 목소리의 크기나 억양으로 기분을 표현합니다.

후, 하악~

휘! 하악~! 같은 날카로운 소리는 상대에게 화가 났거나 두려움을 느껴서 위협이나 경계를 할 때 내는 소리입니다. 이는 화가 났다는 증거입니다.

냥~

냥~ 하는 울음소리는 요구나 불만, 망설임 등의 기분을 나타냅니다. 다양한 기분을 울음소리의 억양으로 표현합니다.

냐옹~

어리광 부리듯이 높은 목소리로 울 때는 뭔가를 조르는 것입니다. 그리고 관심을 끌고 싶을 때는 같은 "냐옹"이라도 분명하게 웁니다.

◀ 기분이 안 좋음   매우 기분 좋음 ▶

가르릉 가르릉 ↓

불안을 느꼈을 때나 몸 상태가 안 좋을 때 낮게 우는 소리인데, 가르릉 가르릉거리면서 소리를 냅니다. 이 소리는 자신의 감정을 진정시키기 위해서 내는 것이라고 알려져 있습니다.

냥!

'야' 하고 친근한 상대에게 인사를 할 때의 울음소리입니다. 기쁠 때 낼 때가 많으며 기분이 좋은 상태입니다.

가르릉 가르릉 ↑

행복한 기분일 때의 가르릉 가르릉 소리는 만족이나 안심을 나타내며, 이때 고양이의 기분도 매우 좋습니다. 불안할 때의 가르릉 가르릉 소리와 다르며 소리는 약간 높아집니다.

1

고양이의 신기한 행동

이 장에서는 고양이의 본능과 습성에 대해 소개합니다. 고양이의
신기한 행동에 대해 알아봅시다.

Q1

몸을 부비부비 비비대는 것은 애정 표현?

자신의 냄새가 나면 안심하게 됩니다.

고양이가 얼굴이나 몸을 비비면 어리광을 부리는 것 같아서 기쁘지요. 하지만 고양이가 사람에게 부비부비를 하는 것은 대부분의 경우 자신의 냄새를 남기기 위해서입니다. 이 행위는 마킹 행동의 일종입니다. 고양이의 몸에는 냄새 물질을 분비하는 냄새샘이 몇 개 있는데, 부비부비를 할 때는 주로 머리 부분이나 꼬리에 있는 냄새샘을 사용합니다. 이것은 자기 구역을 주장하기 위함뿐 아니라 상대에게 자신의 냄새를 남겨서 편안함을 얻기 위해서도 합니다.

특히 주인이 집에 돌아왔을 때 부비부비할 때가 많은 것은 주인의 몸에서 '바깥' 냄새가 나기 때문이지요. 고양이는 후각이 예민하기 때문에, 평소와 다른 냄새가 나면 불안해합니다. 손님에게 부비부비를 하는 것도 같은 이유입니다.

어리광 부리고 싶을 때 부비부비를 하는 경우도 있습니다.

고양이가 부비부비를 해 오면 주인이나 고양이를 좋아하는 사람들은 쓰다듬어 주거나 혹은 "착하지" 하면서 말을 걸어 주고는 합니다. 이것은 고양이에게도 기쁜 일이지요. 그렇게 부비부비를 하면 고양이는 '귀여워해 주는구나'라고 학습하여 어리광을 부리고 싶을 때도 몸을 비비게 됩니다. 즉, 부비부비는 냄새를 남기기 위함뿐 아니라 애정 표현의 의미도 있습니다. 아무튼 고양이가 부비부비를 해 올 때는 거부하지 말고 마음껏 부비부비할 수 있도록 해 줍시다.

A 자신의 냄새를 남겨서 편안함을 느끼고 싶은 것이 가장 큰 이유야.

• 고양이의 냄새샘은 어디에 있을까? •

얼굴 주변
입의 양쪽, 꼬리, 턱 밑, 이마에 냄새샘이 있어서 주인이나 가구 등 가까이 있는 물건에 부비부비를 하면서 자신의 냄새를 남깁니다.

꼬리
꼬리가 붙어 있는 부분에 냄새샘이 있습니다. 꼬리를 사람이나 물건에 착 감고 비비면서 냄새를 남깁니다.

발끝
발톱 주위에 냄새샘이 있어서 발톱을 갈 때 발톱을 세우고 긁으면서 냄새와 할퀸 자국을 남깁니다.

항문
항문의 좌우에 항문낭이라고 불리는 주머니 모양의 기관이 있는데, 배변 시에 냄새가 강한 분비액을 내보냅니다.

안심하기 위해 부비부비를 하는 겁니다!

Q2

왜 움직이는 것을 잡으려고 하는 걸까?

먹이와 닮은 움직임에 사냥 본능이 자극되는 것입니다.

원래 고양이는 쥐, 새, 도마뱀 등을 잡아먹던 동물입니다. 사냥을 할 필요가 없는 현대의 집고양이에게도 그 본능이 남아 있어서, 움직이는 것을 보면 무의식중에 잡으려고 하는 것이지요. 그렇다고 해서 움직이는 것이라면 무엇이든지 손을 대는 것은 아닙니다. 고양이의 본능이 자극되는 것은 먹잇감인 쥐나 새, 곤충처럼 작은 사이즈이며 그것들과 비슷한 움직이는 것들입니다. 강아지풀이나 작은 공, 벽이나 바닥에 빛을 비추며 움직이게 하는 장난감을 매우 좋아하는 것도 이 때문입니다. 그렇기에, 자동차는 고양이의 먹이치고는 너무 크기 때문에, 아무리 움직여도 사냥의 대상으로는 인식되지 않아서 잡으려 하지 않습니다.

고양이의 몸은 사냥에 최적화된 몸!

타고난 사냥꾼인 고양이의 몸은 먹이를 효율적으로 잡기 위해 발달되어 있습니다. 먹이의 목소리와 움직이는 소리를 민감하게 포착하는 청각, 어둠속에서도 먹이의 움직임을 포착할 수 있는 눈, 그리고 순발력, 점프력, 밸런스 감각이 뛰어난 유연한 몸, 또 한번에 먹이의 숨통을 끊을 수 있는 날카로운 이빨과 자유롭게 넣었다 뺐다 할 수 있는 발톱 등이 있지요. 이는 고양이의 조상이 사냥을 하며 살던 시절에 발달한 것으로, 현재의 고양이들은 이러한 특징들을 모두 이어받았습니다.

A 우리 고양이들은
타고난 사냥꾼이니까.

● 고양이의 사냥은 순발력이 생명! ●

스을~쩍

발견

풀숲 같은 데에 몸을 숨기고, 시각이나 청각을 곤두세운 뒤 먹잇감을 기다립니다. 먹잇감이 오면, 표적을 지그시 응시한 채 배를 지면에 붙인 자세로 발소리를 내지 않고 살며시 다가갑니다.

잡았다냥~!!

포획

전신의 근육을 써서 몸을 용수철처럼 휘게 하여 순식간에 먹이에게 달려듭니다. 발소리가 나지 않게 움츠리고 있던 발톱을 꺼내 발바닥을 펴서 먹이를 잡은 뒤, 급소인 목덜미를 물고 늘어집니다.

21

Q3

매일 밤만 되면 고양이가 우다다를 하는데, 스트레스 때문인 걸까?

해 질 녘부터 밤, 그리고 새벽녘이 고양이에게는 '나홀로 운동' 타임입니다.

해 질 녘이 되거나 밤이 깊어지면 온 방을 엄청난 스피드로 돌아다니거나 가구 위를 뛰어오르는 고양이들이 적지 않습니다. '이런 이상 행동의 원인이 스트레스나 운동이 부족해서일까?'라고 걱정하는 분들도 있겠지만, 이것은 많은 고양이들에게 보이는 지극히 자연스러운 행동입니다.

고양이는 본래 야행성으로, 야생에서 활동할 때는 해 질 녘부터 밤, 그리고 새벽녘에 사냥을 했습니다. 그 습성이 남아 현재의 집고양이들도 이 시간대만 되면 에너지가 넘쳐서 가만히 있을 수 없게 되는 것입니다. 다양한 용도에 맞춰 오래전부터 우수한 유전적 형질을 얻기 위해 선택 교배되어 온 개와 다르게, 고양이는 기본적으로 쥐를 내쫓기 위해서만 길러 왔기 때문에 겉모습 외에는 품종 개량이 거의 이루어지지 않았습니다. 그 때문에 고양이는 야생의 본능이 강하게 남아 있는 것입니다.

에너지가 넘칩니다!

야행성이라서 밤만 되면 기운이 왕성해지는 거야.

● 집고양이의 생활 리듬 ●

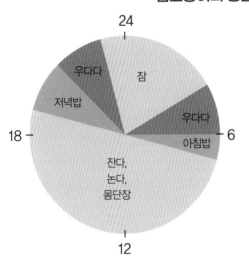

옛날의 집고양이는 쥐를 잡는 것이 일이었기 때문에 많은 시간을 사냥에 소비하고 고양이 본래의 야행성 생활을 했습니다. 그러나 반려동물로 키우는 현대의 고양이는 실내에서 키우는 일이 많아졌고 모든 생활을 인간에 의존하게 되어, 주인과 같은 생활 리듬으로 지냅니다. 다만, 야생의 본능으로 밤이나 이른 아침에 우다다를 하는 경우도 있습니다.

자기 전에 놀아 주면 아침까지 푸욱 잡니다.

밤늦게 우다다를 하는 것 자체는 고양이 본래의 체내 시계가 정상적으로 역할을 한다는 증거이기 때문에 걱정할 필요는 없지만, 매일 밤늦도록 정신없이 뛰어다니는 것이 조금 곤란한 사람도 많을 것입니다. 그럴 때는 밤에 자기 전에, 강아지풀 같은 장난감을 가지고 고양이와 놀아 줍시다. 고양이는 단기 집중형이기 때문에 15분 정도 몸을 움직이며 놀게 해 주면 운동이 충분히 됩니다. 확실히 운동이 되었다면 고양이는 지쳐서 아침까지 푸욱 잘 것입니다. 꼭 시도해 보세요.

Q4

왜 잡은 먹이를 가지고 오는 걸까?

주인에게 사냥하는 방법을 가르치는 것이라는 설도 있습니다.

외출을 자유롭게 하는 집고양이의 경우, 쥐, 새, 벌레 같은 먹이를 밖에서 가지고 올 때가 종종 있습니다. 이 행동은 암컷에게서 많이 보이는데, 이는 존재하지 않는 새끼 고양이를 위해 먹이를 가지고 오는 모성 행동의 결과라고도 알려져 있습니다. 또 어미 고양이가 된 기분으로 주인에게 사냥하는 방법을 가르치려고 한다는 설도 있습니다. 고양이 입장에서는 주인은 사냥을 못하는 새끼 고양이와 같은 존재인 것이죠.

하지만 이 설은 의견이 갈리는 부분으로, 단순히 안전한 장소에 먹이를 옮겨 났을 뿐이라는 견해도 있습니다. 또 그중에는 일부러 주인의 눈앞에 '선물'을 가져오는 고양이가 있는데, 이것은 먹이를 과시하기 위함이거나 혹은 주인의 관심을 끌기 위한 것일 수도 있습니다.

혼내는 것은 NG. 몰래 처분합시다.

죽은 먹이를 선물받는 것이 솔직히 썩 기분 좋은 일은 아니지요. 그렇다고 해서 혼내면 안됩니다. 혼을 내면 고양이는 무엇 때문에 혼나는지 몰라서 혼란스러워합니다. 그러니 고양이가 눈치 채지 않도록 선물만 조용히 처분하도록 합시다. 요즘 고양이들은 본능적으로 사냥을 하더라도 실제로 먹는 경우는 드물고, 고양이용 밥이 있다면 그쪽으로 의식이 향하기 때문에 잡아온 먹이가 없어지더라도 문제가 없습니다. 먹이가 살아있는 경우에는 고양이에게서 떨어진 장소로 가서 놓아 줍시다.

A

먹이를 안전한 장소로
옮겨 왔을 뿐이야.

오늘도 먹이를 잡았다냥~

도마뱀
입니다.

오늘은 새

어디서
가져온 거니?

Pi
Pi Pi

오늘은
뱀이올시다!

으악!!

아무에게도 빼앗기지
않는 장소로
가져왔을 뿐인데…

Q5

우리 집 고양이는 잠만 자던데, 고양이는 원래 그래?

잠만 자기는 하지만 숙면은 취하지 않는다?!

고양이의 수면 시간은 하루에 약 14시간! 물론 계속 자는 것이 아니라 낮에 잠깐 선잠을 자는 것도 포함해서이지만, 어쨌든 하루의 2/3 가까이를 자면서 보냅니다. 하지만 늘 숙면을 취하는 것은 아닙니다. 밑의 그래프와 같이 얕은 잠(렘수면)과 숙면 상태(논렘수면)가 번갈아 반복되며, 숙면을 잠깐 취하고 나면 바로 몇십 분 동안의 얕은 잠이 찾아옵니다. 야생의 고양이는 사냥할 에너지를 보존하기 위해 하루의 많은 부분을 휴식에 할애했습니다. 그러나 휴식을 하는 동안에도 적이 습격했을 경우에는 바로 반응할 수 있도록 해 두어야만 했지요. 그런 피를 이어받은 집고양이도 잠이 얕아서, 희미한 소리가 나거나 누군가가 살짝 다가오는 것만으로도 눈을 번쩍 뜨게 되는 것입니다.

• 고양이의 수면 생활 리듬 •

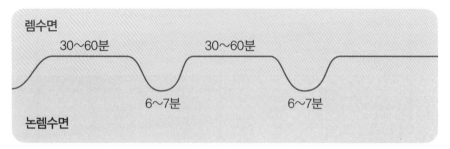

렘수면
30〜60분   30〜60분
6〜7분   6〜7분
논렘수면

6〜7분 간격으로 30〜60분 정도의 렘수면에 들어갑니다. 이 때문에 숙면을 취하는 경우는 거의 없습니다.

A 우리들은 하루의 대부분을 자면서 보내.

고양이도 꿈을 꾼다?!

렘수면은 몸은 완전히 자는 한편 뇌는 반 정도 각성해 있는 상태로, 렘수면 상태에서는 닫힌 눈꺼풀 밑으로 안구가 움직이거나 몸이 움찔움찔하는 모습을 볼 수 있습니다. 사람에게도 렘수면, 논렘수면이 있는데, 렘수면 때 꿈을 꿉니다. 렘수면이 있는 동물은 인간처럼 꿈을 꿀 가능성이 높다고들 합니다. 그래서인지 잘 때 팔다리를 움직이거나 입을 오물오물거리거나 잠꼬대를 하는 고양이가 의외로 많지요. 어떤 꿈을 꿀지 상상하는 것만으로도 즐겁네요.

잠자는 모습으로 보는 고양이의 편안함 정도

경계 ← → 안심

몸을 말고 잔다

고양이가 자는 모습은 기온이나 편안함의 정도에 따라 바뀝니다. 몸을 말고 자는 것은 추울 때입니다. 경계나 긴장했을 때도 바로 자세를 잡을 수 있도록 이 자세로 잡니다.

옆을 향하고 잔다

그다지 춥지 않을 때는 옆으로 누워 팔다리를 뻗은 상태에서 잡니다. 기분이 편안할 때 보이는 자세이기도 합니다.

배를 보이며 잔다

따뜻할 때는 팔다리를 뻗고 위를 향한 채로 잡니다. 배를 무방비로 보이는 것은 완전히 편안한 상태라는 증거입니다. 안심하고 자는 것입니다.

Q6

배변하러 갈 때도 후다닥, 배변하고 나서도 후다닥. 왜 그런 걸까?

야생 고양이의 배변은 목숨을 건 일?!

배변하러 가기 전에도 후다닥, 배변 후에도 방안으로 후다닥 달려가는 고양이. 그런 고양이의 행동을 신기하게 생각한 적 없나요? 이 수수께끼를 풀기 위해서는 길고양이(주인이 없는 고양이)의 생활을 봐 두는 것이 좋습니다. 길고양이는 적에게 보금자리의 위치를 들키지 않도록 보금자리에서 떨어진 그늘에서 배변을 합니다. 그 여정에도 어떠한 위험이 기다리고 있을지 알 수 없기 때문에, 재빨리 배변 장소로 가서 볼일을 보고, 다시 재빨리 보금자리로 돌아오는 것입니다. 그래서 적이 존재하지 않는 안전한 집 안에 있더라도 그 시절의 습성이 불쑥 나오게 되는 것이지요. 이 행동은 특히 경계심이 강한 겁쟁이 고양이에게서 볼 수 있습니다.

화장실은 최대한 빠르고 신속하게

화장실 가고 싶구냥.

화장실까지 5m···

신속하게!!

후다닥!!

A 야생 시절의 습성이 남아서 나도 모르게 그만 '후다닥'하게 돼.

배설물에 모래를 덮어서 냄새를 지웁니다.

화장실에서 오줌이나 대변을 눈 뒤, 고양이는 앞발로 정성스레 모래를 덮습니다. 이것도 옛날부터 이어져 온 습성으로, 냄새를 지워서 자신의 흔적을 감추기 위한 행동입니다. 육식 동물인 고양이의 배설물은 냄새가 강렬해서, 그대로 두면 적이나 먹잇감에게 자신의 존재를 들키게 됩니다. 그 때문에 고양이는 땅에 구멍을 파서 배변을 한 뒤, 그 위에 모래를 덮어서 냄새를 감추는 습성을 몸에 익혔습니다. 이제 막 보금자리를 벗어난지 얼마 안 된 새끼 고양이도 본능적으로 이 행동을 합니다. 이렇듯 배변 후에 모래를 덮는 일은 고양이의 유전자에 확실하게 입력되어 있습니다.

—— 모래를 덮지 않는 경우도 있습니다. ——

대변을 남겨서 자기주장을 한다
여러 마리를 키우는 경우, 우위에 있는 고양이는 냄새를 남겨서 자신의 구역을 주장하기 위해 배설물 위에 모래를 덮지 않는 경우도 있습니다. 집에서 한 마리만 키우는데 이러는 경우에는 자기 구역이라는 주장보다는 개성일 가능성이 큽니다. 그냥 단순히 냄새에 무심할 뿐일지도?!

Q7

왜 잘 때 담요를 만지작 거리거나 빠는 걸까?

젖을 먹을 때의 동작입니다.

새끼 고양이는 젖을 먹을 때, 어미 고양이의 젖을 앞다리로 만집니다. 이렇게 하면 젖이 잘 나오기 때문입니다. 성장한 뒤에도 담요를 만지작거리거나 쪽쪽거리며 빠는 것은 그 습성이 남은 것입니다. 담요의 부드럽고 따뜻한 감촉이 어미 고양이를 떠올리게 해서, 무심결에 그런 동작이 나오게 되는 것이지요. 담요뿐만이 아니라 주인의 팔이나 몸을 만지작만지작(일명 꾹꾹이)거리거나 빠는 고양이도 있습니다. 이 동작을 하는 것은 고양이가 진심으로 편안할 때입니다. 가르릉 가르릉 목을 울리면서 행복해하는 모습을 보고 있으면 보는 사람까지도 기뻐집니다.

울을 먹는 것은 위험. 빨리 그만두게 해야 합니다.

직물을 빠는 버릇이 있는 고양이 중에는 담요나 스웨터 같은 울 제품의 털을 먹게 되는 고양이도 있습니다. 'Wool-sucking'이라 불리는 행동으로, 이른 시기에 젖을 떼는 것이 원인이라고 알려져 있지만 자세한 것은 명확하지 않습니다. 2살이 되기 전까지 자연스럽게 고쳐지는 경우가 많지만, 섬유가 장에 막힐 우려도 있으니 수의사와 상담해서 빨리 대처합시다.

A

부드러워서
엄마 생각이 나.

언제 어디서든 만지작만지작

보고 싶어...

엄마...

만지작

어라?

이 부드러운 감촉

만지작
만지작
만지작
만지작
만지작
이 느낌은...!

...뱃살입니다.

엄마다~♪

만지작 ♡ 만지작
만지작

Q8

TV를 뚫어져라 쳐다보던데, 재미있어서 보는 걸까?

격한 움직임이 있는 방송을 좋아해!

고양이의 모습을 관찰하다 보면, 아무 방송에나 흥미를 나타내는 것은 아니라는 것을 알 수 있습니다. 고양이가 좋아하는 것은 사냥 본능을 부추기는 '움직임'이 있는 방송입니다. 쥐나 다람쥐 같은 작은 동물이 졸래졸래 움직이거나 새가 날아오르는 장면 등이 비춰지면, 대부분의 고양이는 시선을 화면에 고정시킵니다. 움직임과 더불어 울음소리가 들린다면 흥미가 더욱 커집니다. 때로는 화면을 향해 손을 대거나 몸을 부딪치는 경우도 있습니다. 하지만 화면을 잡으려고 계속 도전하는 사이에 이것이 허상이라는 것을 학습하고 더 이상 반응하지 않게 되는 고양이도 있습니다.

TV로 사냥을 하는 고양이

A 먹잇감이 움직이는 것 같아서 사냥 본능이 자극되는 거야.

🐾 탁구나 축구 중계에도 흥미진진

고양이는 TV 화면 속의 동물 그 자체를 인식하는 것이 아니라 움직임에 반응하기 때문에 스포츠 방송도 아주 좋아합니다. 특히 탁구나 테니스, 축구 등 공과 선수가 예측할 수 없는 빠른 움직임을 보이는 구기 종목에 빠져듭니다. 반대로 마라톤이나 수영 같은 것은 움직임이 단조롭기 때문에 그다지 관심을 가지지 않습니다. 작은 동물이나 새 같은 동물이 등장하는 고양이용 비디오나 DVD도 판매하고 있는데, 고양이에 따라 취향이 다르기 때문에 반려묘가 반응을 잘 하는 영상을 모아서 자체 제작 동영상을 만들어 주는 것도 추천합니다. 고양이가 집을 볼 때 심심함을 달래 주기 위해 틀어 주면 좋을 것입니다.

• 움직임이 고양이를 자극하는 것입니다. •

1

고양이의 신기한 행동

33

Q9

왜 꼭 바쁠 때만 발목을 노리며 달려드는 걸까?

다리와 손의 움직임에 사냥 본능이 자극됩니다.

'바쁠 때만 꼭'이라는 것은 인간의 주관입니다. 고양이에게는 그럴 생각이 추호도 없습니다. 허둥지둥 움직이며 돌아다니는 주인의 다리에 사냥 본능이 자극되어서 무심결에 엉겨 붙거나 뛰어드는 것뿐입니다. 기본적으로 사람은 고양이의 먹잇감치고는 크기 때문에 사냥의 대상이 되지는 않지만, 다리나 손 같은 일부분의 움직임은 먹이처럼 보이는 경우가 있습니다. 의자에 앉아서 다리를 흔들흔들거리고 있으면 고양이가 와서 착 달라붙는 경우가 있는데, 이것도 그런 이유 중 하나입니다. 바쁠 때를 노려서 일부러 방해하는 것이 아니기 때문에 오해하지는 마시길 바랍니다.

A 먹잇감으로 보여서 재미있으니까, 나도 모르게 달려들게 돼.

🐾 사냥 본능을 채워 주는 놀이로 스트레스 발산을

바쁠 때 고양이가 발밑에서 어른거리게 되면 뜻밖의 부상을 입을 수도 있기 때문에, 다른 방이나 케이지에 넣어 두는 것도 하나의 방법입니다. 또, 시간이 있을 때는 강아지풀이나 공 같은 것으로 놀아 주면서 고양이의 사냥 본능을 채워 줍시다. 이때 먹이와 닮은 움직임을 연출해서 본능을 자극한다면 더 효과적입니다. 장난감을 불규칙적으로 움직이거나, 직물이나 담요 밑에서 숨바꼭질을 하게 하거나 꺼칠꺼칠거리는 소리를 내 주면 빠져들게 됩니다. 하지만 손에 달라붙어서 놀면 손을 장난감이라고 착각해서 물게 되기 때문에 조심하세요. 반드시 장난감을 사용해서 놀아 줍시다.

Q10

새끼 고양이가 갑자기 등의 털을 세우며 비스듬히 다가오는 것은 뭘까?

주인을 놀이에 끌어들이는 것입니다.

이 자세는 보통은 자신을 커보이게 해서 상대를 위협하는 '공격 자세'이지만, 새끼 고양이가 이러는 경우에는 놀자는 신호입니다. 새끼 고양이는 형제 고양이와 자주 엉겨 붙어서 놉니다. 이 '싸움 놀이'를 통해 쫓거나 숨거나 달려들거나 물고 늘어지는 등 싸움에 필요한 동작이나 여러 가지 몸동작을 배워 갑니다. 혼자 자라야 하는 새끼 고양이나, 새끼 고양이의 느낌이 강하게 남아 있는 성묘는 형제 대신 주인을 향해 이 자세를 취하면서 주인을 싸움 놀이에 끌어들입니다. 다만 성묘의 경우에는 놀이가 아니라 공격 모드일 가능성도 있기 때문에 주의가 필요합니다.

공격 행동을 조장하지 않도록 주의

이때의 새끼 고양이는 놀고 싶은 마음으로 가득하겠지만, 여기에서 주인도 같이 놀아 줘야 할지는 조금 생각해 봐야 합니다. 그런 놀이들도 주인을 상대로 하게 되면, 이후 사람에 대한 공격 행동을 조장할 우려가 있기 때문입니다. 그러므로 사람과 고양이가 공생해 가기 위해서는 싸움 놀이를 하자고 해도 무시하는 것이 더 좋습니다. 하지만 사냥 본능을 채우기 위해서 장난감을 사용해서 놀아 주는 것은 중요합니다. 또, 새끼 고양이일 때 놀이를 통해 좋아하는 장난감이나 노는 방법, 보상이 될 만한 것을 알아 두면 여러 상황에서 도움이 됩니다.

A

> 놀고 싶은 마음으로 가득.
> '싸움 놀이 하자!'라는
> 신호야.

● 새끼 고양이의 놀이 상대를 할 때의 주의점 ●

안돼!!!

**손이나 다리로
장난치는 것은 금지**

장난감으로 착각해서 손이나 발을 물고 늘어지게 되므로 주의가 필요합니다. 놀 때는 반드시 장난감을 사용합시다.

**하면 안 되는 행동은
확실히 혼낸다**

손을 물고 늘어지는 등의 행동을 한다면, 그 자리에서 바로 혼을 냅시다. "안돼."하고 큰소리를 내서 놀라게 하는 것이 효과적입니다.

혼을 낼 때, 고양이를 잡고 때리는 등의 체벌을 하는 것은 고양이와의 신뢰 관계를 무너뜨릴 수도 있습니다. 절대로 하지 맙시다.

1

고양이의 신기한 행동

Q11

'고양이는 집을 따른다'라고 하던데, 사람은 따르지 않는 걸까?

고양이에게는 '자기 구역'이 무엇보다 중요합니다.

'고양이는 집을 따른다'라는 말은 고양이가 자신의 구역을 무엇보다도 중요하게 여기고, 환경의 변화를 좋아하지 않는다는 것을 나타낸 말입니다. 고양이의 이런 성질은 야생 시절부터 길러진 생활 방식입니다. 야생의 고양이가 공존해 가기 위해서는 자신의 먹이를 확보하기 위한 각자의 구역을 가질 필요가 있었습니다. 이 때문에 강한 구역 의식을 가지게 된 것입니다. 이런 성질이 남아있는 집고양이에게 자기 구역은 곧 집이기 때문에, 고양이는 이사나 여행처럼 익숙해진 집을 떠나는 것을 좋아하지 않습니다.

이러한 고양이의 집에 대한 집착을 '집을 따른다'라고, 반대로 주인이 가는 곳이라면 어디든 따라가는 개를 '사람을 따른다'라고 표현하게 된 것입니다. 물론 여러분도 알다시피, 고양이도 사람을 아주 잘 따릅니다. 그러나 많은 고양이들에게 주인의 존재는 환경 중 하나에 가까운 느낌이라고 말할 수 있습니다. 즉, '환경에 대한 집착' 〉 '주인과의 관계'인 것이지요. 살짝 서운하긴 하지만 이런 쿨함이 고양이의 매력이 아닐까요?

내 집이야.

그렇지 않아. 하지만 나에게 집은 굉장히 중요해.

A

고양이는 주인을 어떻게 생각할까?

무리로 생활하던 개에게 주인은 리더이지만, 본래 단독으로 생활하던 고양이에게는 그러한 인식이 없습니다. 고양이에게 주인이란 한마디로 말하자면 '많은 일을 해 주는 편안한 동거인' 같은 느낌일까요? 배가 고프면 식사를 주고, 어리광을 부리고 싶을 때는 쓰다듬어 주고, 심심하면 놀아 주는 존재인 거죠. 실제로 고양이는 그때의 기분이나 상황에 따라 주인에게 어미 고양이나 형제 고양이의 역할을 요구하기도 합니다. 참으로 제멋대로고 팔자 좋은 이야기지만, 그 점이 또 고양이다운 점이지요.

고양이는 변덕쟁이?!

어리광 부리고 싶을 때 → 어미
꼬리를 세우고 다가와서 주인의 몸을 꾹꾹 누르는 행동은 새끼 고양이가 어미에게 하던 행동인데, 어리광을 부리고 있다는 증거입니다. 또 자주 우는 것도 어미에게 뭔가를 요구하는 행동입니다.

놀고 싶을 때 → 형제
새끼 고양이는 형제 고양이와 숨바꼭질을 하거나 다투면서 놉니다. 주인의 뒤를 졸졸 따라다니는 것도 형제 고양이와 함께 행동하는 것과 비슷한 느낌입니다.

Q12

창문 밖을 지그시 바라보는 것은 밖에 나가고 싶기 때문일까?

창문 밖에는 호기심을 자극하는 것들이 가득!

실내에서 키우는 고양이가 유리창 너머의 밖을 바라보는 모습을 보고 있으면 '밖으로 나가고 싶어' 하는 것처럼 느껴져서 마음이 아프지요. 이는 주인 입장에서 '집 안에 가둬 놔서 미안해'라는 마음이 있기 때문입니다. 고양이 입장에서는 단순한 호기심에서 창밖을 보고 있을 가능성이 높습니다. 마당에 있는 나무나 베란다에 날아온 작은 새나 벌레를 보면 사냥 본능이 자극되기도 하고, 또 창 밑 도로를 오가는 자동차 불빛 같은 것도 고양이에게는 매우 흥미로운 것들입니다. 즉, 고양이는 바깥세상을 동경해서 창가에 있는 것이 아니라, 그저 재미있는 것이 있으니까 보는 것뿐입니다. 그런데, 혹시 고양이가 창밖의 작은 새 등을 보면서 "냥냥 냥냥냥" 하는 느낌으로 찔끔찔끔 울거나, 이빨을 딱딱 울리는 모습을 본 적이 있나요? 이때의 고양이의 기분은 '잡을 수 있을 것 같아'라는 기대와 '하지만 못 잡을 것 같아'라는 욕구 불만이 뒤섞인 복잡한 심정입니다.

A 움직이는 것이 재미있어서 보고 있는 것뿐이야.

가끔은 고양이를 밖으로 내보내는 것이 좋을까?

고양이마다 다르겠지만, 처음에는 재미있는 것이 있어서 보고 있는 것뿐일지라도 점점 밖으로 나가고 싶다는 마음이 커지는 경우도 있습니다. 하지만 한 번 바깥세상을 알게 되면, 고양이는 계속 나가고 싶어 하게 됩니다. 외출을 완전히 자유롭게 하도록 할 것이라면 얘기는 다르겠지만, 가끔씩만 밖으로 내보내는 어중간한 사육 방식은 오히려 욕구 불만으로 이어지기 때문에 피해야 합니다. 실내에서만 키울 거라면 밖으로는 내보내지 않는 것이 좋습니다. 166~171p를 참고해서, 고양이가 즐겁고 유쾌하게 지낼 수 있는 환경을 만들어 줍시다.

Q13

불쑥 외출하는 우리 고양이, 밖에서 뭘 하는 걸까?

생활권을 순찰하는 것은 고양이의 중요한 일과

외출이 자유로운 집고양이는 집(영토) 외에도 영역이라고 불리는 자기 구역을 가지고 있습니다. 그 안에는 사냥을 하거나 볕을 쬐는 장소가 있어서, 고양이는 정기적으로 자신의 생활권을 순찰하며 돌아다닙니다. 영역 범위는 집을 중심으로 반경 50~200m 정도입니다. 성별이나 세력의 크고 작음, 장소에 따라 달라지며 암컷보다 수컷, 도시보다 시골 고양이가 더 넓은 경향이 있습니다.

오줌을 누거나 발톱을 갈아서 마킹

순찰 중에 고양이는 구역 안 곳곳에 오줌을 누어서 마킹을 합니다(대변을 사용하는 경우도 있습니다). 이는 냄새를 남겨서 자신의 구역이라는 것을 나타내기 위함입니다. 또, 나무나 울타리 같은 데에 발톱을 가는 것도 중요한 마킹이지요. 발톱을 갈음으로써 발톱 주위에 있는 냄새샘에서 분비되는 냄새 물질을 남길 수 있으며, 시각적인 마크로 발톱 자국을 남기기도 합니다. 한편, 냄새를 통해 정보 수집을 하기도 합니다. 다른 고양이의 마킹을 발견하면 냄새를 맡아서 영역을 공유하는 동료인지 아닌지를 확인합니다. 냄새를 맡아서 그 고양이가 온 시간 등도 알 수 있다고 합니다.

A 자신의 구역을
순찰하는 거야.

• 시골에 사는 고양이의 영토 •

전부 내 영역!

집

↑영토

▨→집
░→영역

• 도시에 사는 고양이의 영토 •

각자의→
집

지역 전체가
모두의 영역

43

궁금해! 외출 나간 고양이의 하루를 Check!

외출이 자유로운 고양이는 거의 매일 자기 구역 순찰을 나갑니다.
도중에 다른 고양이를 만나거나 볕을 쬐거나 사냥을 하거나,
의외로 여러 가지 일을 합니다.

어느 고양이의 행동

아침밥

주인의 기상 시간에 맞춰 일어나 아침밥을 먹습니다. 주인이 일을 나가게 되면, 고양이만의 자유 시간이 시작됩니다.

낮잠

고양이는 하루에 14시간이나 자는 동물입니다. 배가 부르면 자기 구역 순찰을 나가기 전에 가볍게 낮잠 타임을 가집니다.

잠

본래는 야행성이지만 현대의 집고양이는 사람의 생활 리듬에 맞춰서 살고 있습니다. 주인이 잠자리에 들면 고양이도 쉽니다.

저녁밥

자기 구역을 순찰한 뒤 집으로 돌아와 주인이 돌아오는 것을 기다렸다가 저녁밥을 먹습니다. 저녁 식사 후, 주인이 놀아 주는 것도 큰 즐거움입니다.

자기 구역을 순찰

자기 구역에 이상이 없는지, 냄새를 맡으며 확인합니다. 중요한 지점에는 마킹을 합니다. 순찰 시간이나 루트는 거의 정해져 있습니다.

다른 고양이와 교류

안면이 있는 고양이를 만날 때는 모르는척 지나가는 것이 고양이 사회에서의 예의입니다. 그래서 자기 구역 내에서 낯선 고양이를 발견하게 되면 위협을 합니다.

누구야!

넌 누구냐!

햇볕 쬐기

마음에 든 장소에서 햇볕을 쬐면서 잠깐 휴식을 취합니다. 휴식 장소로는 담이나 지붕, 자동차의 보닛 위 등 햇볕이 잘 들고 통풍이 잘 되는 장소를 선택합니다.

끈질 끈질

햇볕 쬐기

햇볕 쬐기를 좋아하는 고양이는 다시 좋아하는 장소로 향합니다. 따뜻하고 높은 장소를 골라서 휴식을 취합니다.

사냥

들판이나 공터 등에서 쥐나 작은 새, 도마뱀 등을 노릴 때도 있습니다. 배가 고프지 않더라도 먹이를 보면 본능적으로 사냥을 합니다.

Q14

밤중에 길고양이들이 주차장이나 공터에 모이는 것은 왜일까?

간격을 두고 조용히 앉아 있습니다.

밤이 되면 근처에 사는 고양이들이 공원이나 주차장, 공터 등에 삼삼오오 모일 때가 있습니다. 이른바 '고양이 집회'이지요. 그중에는 서로 몸단장을 해 주는 고양이도 있지만, 대부분의 고양이들은 특별히 뭘 하지도 않고 그저 서로 어느 정도의 간격을 두고 조용하게 앉아만 있을 뿐입니다. 집회는 몇 시간이나 계속될 때도 있는데, 밤이 깊어지면 각자의 집으로 돌아갑니다. 대체 고양이들은 무엇 때문에 모이는 걸까요?

애묘인이 가져오는 음식이 목적?

이 신기한 행동의 목적은 아직 밝혀지지 않았습니다. 자기 구역을 공유하는 고양이들이 지역 내의 멤버를 확인하는 것이라고도 하는데, 그 가능성은 낮아 보입니다. 유력한 가설은 집회 장소 자체에 무언가 매력이 있다는 설입니다. 예를 들면, 근처에 사는 애묘인들이 가져오는 음식을 노리고 모이는 것일지도 모릅니다. 애묘인들은 어두워진 뒤에 밥을 가지고 나타났다가 아침이 되면 그릇과 먹다 남긴 것을 정리합니다. 모르는 사람들 입장에서는 애묘인들의 존재가 눈에 띄지 않으니, 그저 고양이들이 의문의 집회를 하고 있는 것처럼 보이는 것이지요. 하지만 어쩌면 전혀 다른 목적이 있는 것일 수도 있습니다. 이렇게 사람과 가까운 존재임에도 수수께끼가 많은 것이 고양이의 재미있는 부분입니다.

A 그냥 이 장소가 좋아서
모이는 것뿐이야.

• 고양이의 집회는 밤마다 이루어집니다. •

Q15

왜 밖에서 만나면 쌀쌀맞은 걸까?

시력이 나쁜데다가 고양이의 흥미를 끌 만한 것이 많기 때문에 인식하기 힘듭니다.

집 밖에서 자기가 키우는 고양이를 발견하고 이름을 불렀는데 무시당했던 경험은 없나요? 고양이의 태도가 차갑게 느껴지겠지만, 거기에는 이유가 있습니다. 고양이는 어둠 속에서 사물을 보는 힘이나 동체 시력은 뛰어나지만, 시력 자체는 사람의 1/10입니다. 20m 이상 떨어지게 되면 모습과 형태는 어렴풋하게만 보입니다. 그렇기 때문에 고양이는 밖에서 만난 사람이 주인인 것을 몰랐을 수도 있습니다. 게다가 바깥세상은 여러 가지 냄새나 소리가 넘치고 자극들로 가득합니다. 이런 상황에서는 다른 일에 정신을 빼앗겨서 주인을 인식하지 못하더라도 별 수 없지요. 억지로 다가가도 도망칠 뿐이므로, 가만히 내버려 둡시다.

순찰중이라 바빴을 가능성도 있습니다.

고양이가 당신이 주인이라는 것을 알아도 무시하고 도망가 버리는 경우가 있습니다. 그렇다고 해서 당신을 싫어하는 것이 아니므로 부디 안심하길 바랍니다. 아마도 그때는 고양이가 자기 영역을 순찰하는 중이라 바쁜 나머지 주인을 상대할 여유가 없었을 것입니다. 이렇듯 고양이에게는 고양이만의 계획이 있기 때문에, 그럴 경우에는 그냥 내버려 두는 것이 제일입니다. 그러다가 밥 시간이 되면 제때 집으로 돌아와서 아무 일 없었다는 듯이 당신에게 어리광을 부릴 것입니다.

A 바깥에는 자극들이 많아서
설령 주인일지라도
알아채지 못한 거야.

나, 미움 받고 있는 거야?

어, 코코!

뭐하는 거야?
이제 집에 돌아가야지?

다다다

...

무시?!

순찰 중이야.

벌떡

1

고양이의 신기한 행동

49

Q16

아무것도 없는 곳을 지그시 보던데, 귀신이라도 있는 걸까?

고양이의 귀는 고성능 레이더

고양이가 아무것도 없는 곳을 지그시 바라보고 있으면, 신비한 눈동자 때문에라도 '이 세상 것이 아닌 게 보이는 것은 아닐까…' 하고 생각하게 되지요. 하지만 이때 고양이는 사람에게는 들리지 않는 소리에 반응하는 것입니다. 72~73p에서 자세하게 소개하겠지만, 고양이의 청각은 매우 뛰어납니다. 특히 고음(초음파)을 듣는 능력이 예민해서, 20m 앞에 있는 쥐의 울음소리나 움직이는 소리를 들을 수 있다고도 합니다. 우리 인간들은 도저히 알 수 없겠지만, 아마 고양이가 바라보는 방향에 먹이나 무언가가 있음이 틀림없습니다.

어둠 속에서 희미한 움직임을 보는 것일 수도

어두운 곳이라면, 사람에게는 보이지 않는 것이 보일 가능성도 있습니다. 그렇다고 하더라도 귀신은 아니니 안심하시길 바랍니다. 고양이는 밤눈이 밝기 때문에, 외풍이나 환기팬에서 나오는 바람에 의해 커튼이나 신문지가 희미하게 흔들리는 모습 등 희미한 움직임을 민감하게 알아채서 바라보는 것일 뿐입니다.

A 사람은 알 수 없는 소리나 움직임에 반응하는 거야.

1

고양이의 신기한 행동

귀신이 있는 걸까?!

Q17

고양이는 왜 아이들을 꺼려할까?

아이들이 예측이 가지 않는 행동을 하는 것이 싫은 것입니다.

고양이뿐만이 아니라, 동물은 기본적으로 아이를 꺼려합니다. 그 이유는 아이들은 동물들이 싫어하는 성질을 가지고 있기 때문입니다. 아이들은 갑자기 큰 소리를 내거나 갑자기 고양이의 꼬리나 귀를 당기거나 하기가 일쑤입니다. 고양이는 굉장히 예민하기 때문에 이러한 예측할 수 없는 움직임을 매우 싫어합니다. 또 고양이가 싫어하는데도 집요하게 만지거나, 적당히를 모르고 난폭하게 대하거나 큰 소리로 떠드는 점도 고양이가 아이들을 꺼려하는 이유입니다. 자유롭게 돌아다니는 것을 좋아하는 고양이에게 아이들은 실로 천적이라고 할 수 있는 존재이지요. 물론 서로를 대하는 방법을 제대로 가르쳐 준다면, 아이들과 고양이는 좋은 사이가 될 수 있습니다.

고양이는 남자보다 여자를 더 좋아한다?

일반적으로 고양이는 남자보다도 여자를 좋아하는 경향이 있습니다. 여성은 목소리가 높고 말투도 상냥하고 언행도 부드럽기 때문입니다. 남성은 몸도 크고 목소리도 커서 위압감이 있기 때문에 꺼려하는 것입니다. 후각이 예민한 고양이는 목소리나 말씨뿐만이 아니라, 냄새에서도 사람의 성별을 구별한다고 알려져 있습니다. 하지만 고양이는 낯선 것에 대해서 경계심을 품기 때문에, 주인이 남성이면 반대로 여성을 무서워하거나 적의가 담긴 눈으로 보는 경우도 있습니다.

A 갑자기 떠들거나 나를
난폭하게 대하니까
싫어하는 거야.

● 고양이가 좋아하는 타입 ●

말씨가 부드럽고
움직임이 느긋한
타입

멍~

고양이를 가만히
놔두는 타입

말투가 온화하고
조용한 타입

● 고양이가 싫어하는 타입 ●

야!!

귀여워~!!

소란스러운 아이
• 움직임을 예측할 수 없다.
• 집요하게 만지거나
  난폭하게 대한다.

위압감이 있는 남성
• 몸이나 목소리가 크고
  위압감이 있다.
• 화를 잘 낸다.

배려 없는 애묘인
• 큰 목소리로 떠든다.
• 억지로 만지거나
  안으려고 한다.

Q18

왜 신문을 읽고 있으면 위로 올라오는 걸까?

주인이 움직이지 않기 때문에 한가하다고 착각합니다.

주인과 함께 신문을 읽기 위해서는 물론 아닙니다. 고양이는 신문을 읽는 행위를 이해하지 못하기 때문에 방해를 할 생각도 없습니다. 이것은 '관심 좀 가져줘'라는 의사 표현입니다. 신문을 읽고 있는 주인은 가만히 움직이지 않기 때문에, 고양이에게는 한가한 것처럼 보입니다. 그래서 '한가하면 놀아 줘.'라고 주인의 눈앞에 앉거나 누워서 어필하는 것입니다. 그런 행동을 하는 장소가 신문위인 것이지요. 신문을 펼칠 때의 바사삭거리는 소리도 고양이가 좋아하는 소리라서, 그전까지 자고 있더라도 소리를 들으면 벌떡 일어나서 달려옵니다.

한가하면 놀아 줘~!

가만히 있으니까, 한가해 보여. 그러니까 나랑 놀아 줘.

당신의 고양이의 어리광 정도 체크

- □ 반려묘의 이름을 부르면 바로 곁으로 다가온다.
- □ 당신이 움직이면 반드시 따라온다.
- □ 아침에 반려묘가 깨워서 일어나게 된다.
- □ 일이나 독서 등 다른 일에 열중해 있으면 비집고 들어와서 방해한다.
- □ 주인이 혼내도 반려묘가 신경 쓰지 않는다.
- □ 물건을 떨어뜨리거나 우는 등, 당신을 오게 만드는 방법을 알고 있다.
- □ 쓰다듬으면 금방 가르릉거린다.
- □ 정시가 되면 밥을 달라고 조른다.
- □ 당신이 잘 때는 반드시 근처에서 잔다.
- □ 귀가 시 마중을 반드시 나온다.

위에 적힌 항목 중 해당되는 것에 체크를 해 봅시다.

- 10개에 모두 체크가 되었을 경우라면, 당신의 고양이는 꽤나 응석꾸러기입니다. 고양이의 어리광도 어느 정도껏만 들어 줍시다.
- 7~9개일 경우는 어리광 정도가 꽤 높습니다. 적절하게 노는 시간 등을 마련해서 고양이를 만족시켜 줍시다.
- 3~6개일 경우에는 지극히 일반적인 레벨입니다. 고양이가 무언가를 요구해 왔을 때는 될 수 있는 한 들어 줍시다.
- 0~2개의 경우는 자립심이 약간 강한 고양이입니다. 설령 자립심이 강하더라도 함께 노는 시간은 필요합니다. 하지만 너무 많이 놀면 싫어할 수도 있기 때문에 주의하도록 합시다.

Q19

고양이의 나이를 인간의 나이로 바꾸면?

인간과는 다른 고양이의 시간

고양이는 대체로 생후 1년이면 몸의 크기가 어른(성묘) 정도가 되며, 성적으로도 성숙합니다. 인간의 연령으로 환산하면 이 시점이 18세 정도입니다. 인간과 비교하면 놀라울 정도로 성장이 빠르지요. 빠른 성장은 몸의 사이즈와 관계가 있습니다. 일반적으로 포유류는 몸이 클수록 육체적·생리적으로 성숙하는 데에 시간이 걸리는 경향이 있습니다. 인간보다도 몸이 작은 고양이는 3년이면 인간의 나이로 40세까지 성장하며, 그 후의 1년은 사람의 약 5년에 해당한다고 알려져 있습니다. 그렇게 사랑스러운 새끼 고양이도 순식간에 어른이 되고, 결국에는 우리 인간들보다도 빨리 늙어 갑니다.

• 고양이는 1년이면 인간의 18세 정도로 성장합니다. •

고양이	인간	고양이	인간	고양이	인간
1개월	1세	3년	40세	15년	80세
3개월	5세	4년	45세	20년	90세
6개월	10세	5년	50세	25년	100세
1년	18세	10년	70세	28년	105세
2년	30세	12년	75세	35년	115세

우리들은 1년이면 인간 나이로는 18세까지 성장해.

사회화기에 얻은 경험으로 성격이 결정됩니다.

고양이는 생후 1년이면 육체적인 면뿐만 아니라 정신적인 면에서도 두드러진 성장을 이룹니다. 이 1년은 고양이의 행동이나 성격을 형성하는 데에 있어서 중요한 의미를 가지는데, 그중에서도 중요한 시기가 생후 3~9주인 '사회화기'라고 불리는 시기입니다. 이때의 경험에 의해 고양이의 성격이나 커뮤니케이션 능력이 결정된다고 해도 과언은 아닙니다. 새끼 고양이는 사회화기에 어미 고양이나 형제 고양이와 접촉함으로써 애정이나 유대를 기를 수 있으며, 동시에 고양이로서의 몸놀림이나 고양이들끼리의 커뮤니케이션 방법 등을 배웁니다. 일찍이 어미 고양이로부터 떨어져서 사회화기에 충분한 접촉이나 자극을 받지 못한 고양이는 겁이 많거나 공격적인 성격을 가지게 될 수도 있고, 정신적으로 불안정하게 될 가능성도 있습니다. 한편, 사회화기에는 사람과 접할 기회를 만드는 것도 중요합니다.

이 시기에 사람과의 스킨십에 익숙해지게 되면, 정신적으로도 안정되고 붙임성 있는 고양이로 자랍니다. 그러니 생후 1년까지는 다양한 사람이나 소리와 접하게 하면서 될 수 있는 한 많은 자극을 주도록 합시다.

Q20

고양이는 자신의 죽는 모습을 보여 주지 않는다는 게 정말일까?

안전한 장소에 숨어서 회복을 기다리는 사이에….

　야생에서는 약한 동물이 제일 먼저 적의 표적이 되기 때문에, 병이나 부상을 당한 동물은 적에게 쉽게 들키지 않는 안전한 장소에 숨어서 회복을 기다립니다. 이 습성은 고양이도 가지고 있어서, 몸 상태가 나빠지면 마루 밑이나 헛간 같은 곳에 몸을 숨깁니다. 자신이 죽을 때를 깨닫고 모습을 감추는 것은 아니지만 그대로 죽게 되는 경우도 적지 않았기 때문에 이러한 속설이 생긴 것이라고 생각합니다. 교통사고 같은 경우를 제외하고, 바깥의 눈에 띌 만한 장소에서 고양이의 사체를 볼 일이 거의 없는 것은 이런 습성 때문입니다. 하지만 최근에는 실내에서 기르는 일이 늘어났기 때문에 주인이 지켜보는 가운데 죽음을 맞이하는 고양이도 많아졌습니다.

─── 고양이를 건강한 상태로 있게 하는 5가지 조건 ───

❶ 살찌우지 않는다

❷ 연령에 맞는 운동을 시킨다

❸ 생활하기 쉬운 환경을 마련한다

❹ 건강 상태를 파악한다

❺ 스트레스를 주지 않는다

약한 모습은 되도록이면 아무에게도 보여 주고 싶지 않아.

고양이의 세계에도 고령화가 되고 있습니다.

집고양이의 평균 수명은 12~13세 정도입니다. 수의학의 진보 및 관련 식품 등의 개선, 반려묘의 건강에 대한 주인의 의식 향상으로 최근에는 20세 가까이 장수하는 고양이도 적지 않습니다. 그러나 나이를 먹으면 신체 능력이 떨어지고 여러 가지 병에 걸릴 위험도가 높아지는 것은 고양이와 인간 모두 마찬가지입니다. 그중에는 하루 종일 우는 치매 증상이 나타나는 경우도 있습니다. 고양이마다 차이는 있겠지만, 고양이는 6~7세부터 노화가 시작됩니다. 반려묘가 건강하게 장수하기 위해서는 연령에 맞는 적절한 케어와 이상 증상의 조기 발견이 중요합니다.

─── 노화의 신호 ───

움직임이 둔해진다

운동 능력이 떨어지고 움직임이 둔해져서 하루의 대부분을 자면서 보내게 됩니다. 뼈나 관절이 약해져서 골절되기 쉬워지므로 주의가 필요합니다.

오감이 떨어진다

시력이 저하되거나 귀가 어두워지거나 후각이 둔해지는 등 감각이 떨어집니다. 고양이의 눈이 하얗게 탁해질 경우에는 수의사와 상담을 합시다.

털의 윤기가 없어진다

코나 입 주변의 털이 하얘지는 것 외에도 온몸의 털의 윤기가 없어지고, 얇고 거칠어집니다. 수염도 젊은 시절 같은 팽팽함이 사라집니다.

발톱을 가는 횟수가 줄어든다

발톱이 안으로 들어가지 않고 그대로 나와 있는 상태가 됩니다. 발톱을 잘 갈지 않게 되기 때문에, 발톱이 자라서 발가락이나 발바닥 살에 파고드는 경우도 있습니다.

이빨이 빠진다

고양이는 치석이 쌓이기 쉬워서 그대로 두면 늙어서 이빨이 빠지는 경우가 있습니다. 그러니 어릴 때부터 케어를 해 주는 것이 중요합니다.

한 걸음 더

고양이를 사랑한
조선시대 왕, 숙종

조선 19대 왕 숙종(1661~1720)은 어느 날 후원을 산책하다가 굶주려 죽어가는 고양이 한 마리를 발견하여 '금덕'이라는 이름을 붙여주고 돌보았는데, 금덕이 새끼를 낳고 얼마 뒤 죽게 되자, 이에 숙종은 금덕의 새끼를 '금손'이라는 이름을 붙여주고 애정을 듬뿍 쏟았습니다.

숙종과 금손은 가장 가까운 친구가 되어 한시도 떨어지지 않았습니다. 금손은 마치 숙종의 말귀를 알아듣는 것처럼 이름을 부르면 달려왔습니다. 숙종은 식사를 할 때면 곁에 앉혀서 직접 먹이를 먹였고, 나랏일을 돌볼 때에도 항상 곁에 두었습니다.

그러나 1720년 숙종이 세상을 떠나자 금손은 먹이를 먹지 않고, 슬피 울기만 하며 털빛이 바래지고 비쩍 야위어 가다가 결국 자기를 사랑해 주었던 주인의 뒤를 따라 죽고 말았습니다. 이 이야기에 감명받은 대비는 금손의 시신을 숙종의 무덤 명릉 곁에 묻어 주었습니다.

그밖에도 우리나라 민화 속에서도 고양이의 모습을 종종 볼 수 있는데 김홍도의 〈황묘농접〉, 변상벽의 〈묘작도〉, 〈국정추묘〉 등 다양한 그림들이 있습니다. 이렇듯 우리는 옛날부터 고양이와 함께 생활해 왔다는 것을 알 수 있습니다.

2

고양이의
몸의 비밀

고양이의 몸에는 비밀이 가득! 고양이의 몸에는 사람과는 다른 다양한 역할과 기능이 숨겨져 있습니다. 그런 고양이 몸의 비밀을 알아봅시다.

Q21

개다래나무의 냄새를 맡으며 흐느적대는 것은 왜일까?

고양이뿐만이 아니라 사자나 호랑이도 반응합니다.

개다래나무는 다래나무과의 덩굴성 낙엽관목입니다. 고양이는 개다래나무의 냄새를 맡거나 핥거나 씹는 사이에 황홀한 상태가 되어서, 머리를 문지르거나 몸을 꼬거나 침을 흘리는 등 독특한 반응을 보입니다. 이는 개다래나무에 포함된 마타타비락톤과 액티니딘이라는 물질이 고양이의 중추신경을 마비시켜서 성적 쾌감을 느끼게 하기 때문이라고 알려져 있습니다. 하지만 황홀한 상태는 5~10분이면 가라앉으며 습관성도 거의 없습니다. 고양이뿐만이 아니라 사자나 호랑이를 포함한 고양이과 동물에게 공통적으로 보이는 반응인데, 효과는 개체마다 차이가 있으며 그중에는 반응을 전혀 보이지 않는 고양이도 있습니다.

한편 키위, 개박하(별명은 캣닢), 길초근(吉草根), 건조시킨 당약의 줄기와 뿌리 등의 식물에도 개다래나무와 비슷한 작용이 있습니다. 또 고양이에 따라서 비누나 치약 냄새에 반응하는 경우도 있다고 합니다. 이러한 제품에는 고양이에게 유해한 물질이 포함되어 있는 경우도 있기 때문에 입에 들어가지 않도록 주의합시다.

개다래나무

키위

개박하
(캣닢)

길초근

A 개다래나무에 포함된 성분 때문에 환각 상태에 빠지는 거야.

개다래나무로 인해 환각에 빠지는 고양이

최근 우리 집 고양이가 힘이 없는 것 같다.

멍~

그럴 때는 개다래나무지~!

그래그래, 바로 이거야!

킁 킁

참을 수가 없구냥~

더 줘, 더~!!

오늘은 그만~

개다래나무

2 고양이 몸의 비밀

Q22

어둠 속에서도 먹이가 보이는 것은 왜일까?

고양이의 눈은 빛에 대한 감도와 동체 시력이 훌륭합니다.

　고양이는 본래 야행성이기 때문에 어둠 속에서도 사물을 보는 것이 특기! 그 메커니즘의 비밀은 고양이 눈의 망막 뒤에 있는 타페텀(tapetum)이라 불리는 반사판에 있습니다. 이 반사판이 빛을 40~50%나 증폭시켜서 망막에 되돌려놓기 때문에, **고양이는 사람이 필요로 하는 빛의 약 1/6만 있으면 사물을 볼 수 있는 것이지요.** 또, 고양이의 시력 자체는 사람의 1/10 정도로 약간 근시이지만, 움직이는 것을 알아차리는 힘(동체 시력)이 굉장히 뛰어나서 1초당 0.4cm를 움직이는 미세한 움직임조차도 감지할 수 있습니다. 실로 사냥에 최적화되어 있다고 할 수 있는 눈 구조입니다.

• 고양이의 눈의 변화 •

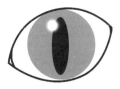

밝다 ←　　　　　　　　　　　　　　　→ **어둡다**

고양이는 밝기에 따라 동공(검은자)의 모양을 바꾸면서 눈에 들어오는 빛의 양을 조절합니다. 어두운 곳에서는 많은 빛을 받아들이기 위해 동공이 커지고, 밝은 곳에서는 빛을 막기 위해 동공이 가늘어집니다.

A

나의 눈은 사냥에
최적화되어 있어.

거리를 정확하게 파악하는 입체 시야가 발달되어 있습니다.

시야의 범위는 동물에 따라 다릅니다. 얼굴이 길고 눈이 양옆에 달려 있는 말 같은 초식 동물은 전체 시야(좌우 두 눈으로 볼 수 있는 범위)가 매우 넓은 것이 특징입니다. 이는 등 뒤에서 몰래 다가오는 적을 바로 알아채서 도망칠 수 있는 구조입니다. 한편, 육식 동물인 고양이는 얼굴이 둥글고 눈이 전면에 붙어 있습니다. 이 때문에 전체 시야는 초식 동물보다도 좁지만, 양안 시야(좌우 두 눈의 시야가 겹치는 부분)가 120~130도로 넓습니다. 양안 시야 구간에서는 사물이 입체적으로 보여서 거리감을 정확하게 파악할 수 있습니다. 이 덕분에 고양이는 먹이를 순식간에 잡을 수가 있는 것이지요.

시야의 비교

고양이

약 280도의 전체 시야를 가지고 있어 비스듬히 뒤에 있는 먹이도 잡을 수 있습니다. 양안 시야도 넓어서 거리를 정확하게 잴 수 있습니다.

말

눈이 양 옆으로 달려 있어서 전체 시야는 약 350도입니다. 등 뒤에서 몰래 다가오는 적도 금세 눈치 채고 도망칠 수 있습니다.

사람

전체 시야는 좁지만, 양안 시야는 약 120도로 넓어서 거리감을 재는 능력이 뛰어납니다.

Q23

까칠까칠한 혀에는 어떤 의미가 있는 걸까?

그루밍을 하거나 밥을 먹을 때 큰 활약을 합니다.

고양이의 혀를 잘 보면, 표면에 가느다란 돌기가 무수히 있는 것을 알 수 있습니다. 고양이의 혀가 까칠까칠한 것은 이 때문입니다. 이 돌기는 사상 유두라고 불리는 것으로, 하나하나가 목구멍 방향을 향해 나 있습니다. 고양이는 그루밍을 할 때 혀를 사용해서 털에 붙은 먼지나 빠진 털을 제거하는데, 여기에서 사상 유두의 뾰족뾰족함이 도움이 됩니다. 즉, 사상 유두는 브러시의 역할을 해 주는 것이지요. 또 먹이를 먹을 때는 돌기를 사용해서 뼈에 붙은 고기를 발라내 깔끔하게 먹어 치웁니다. 고양이의 혀는 상황에 따라 브러시나 포크로 변신하는 편리한 아이템입니다.

혀는 만능 아이템입니다.

66

브러시나 포크도 되는 다기능 아이템이야.

단것을 좋아하는 고양이는 없다?!

사람과 마찬가지로 고양이의 혀에도 미뢰라고 하는, 맛을 느끼는 신경이 있습니다. 하지만 그 수는 사람이 9000개가 있는 데에 비해, 고양이는 780개로 1/10 정도밖에 없습니다. 또 고양이가 느낄 수 있는 맛은 짠맛, 신맛, 쓴맛뿐으로 단맛은 잘 모릅니다. 팥소 같은 것을 좋아하는 고양이도 있지만, 원래부터 단것을 좋아했던 것이 아니라 사람이 주는 것에 익숙해진 것이라고 보는 것이 맞습니다. 그렇다면 고양이가 가장 민감하게 반응하는 맛은 뭘까요? 그것은 쓴맛입니다. 이는 먹이의 피가 썩지 않았는지를 판단하기 위해 발달한 것입니다.

● 고양이의 혀의 구조 ●

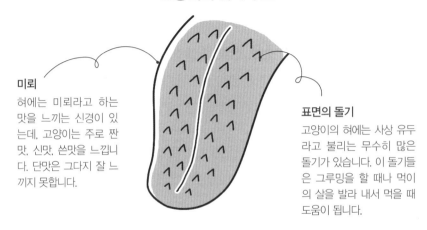

미뢰
혀에는 미뢰라고 하는 맛을 느끼는 신경이 있는데, 고양이는 주로 짠맛, 신맛, 쓴맛을 느낍니다. 단맛은 그다지 잘 느끼지 못합니다.

표면의 돌기
고양이의 혀에는 사상 유두라고 불리는 무수히 많은 돌기가 있습니다. 이 돌기들은 그루밍을 할 때나 먹이의 살을 발라 내서 먹을 때 도움이 됩니다.

Q24

냄새를 맡으며
웃는 것은 왜일까?

고양이는 모든 것을 냄새로 판단합니다.

냄새를 맡는 세포를 후세포라고 하는데, 고양이는 이 후세포의 수가 인간의 약 5배나 됩니다. 개에게는 못 미치지만, 고양이도 사람보다는 훨씬 예민한 후각을 가지고 있습니다. 이 후각을 통해 고양이는 여러 가지를 판단합니다. 음식이 안전한지 아닌지는 물론이며, 음식의 취향도 맛보다는 냄새로 결정합니다. 냄새를 이용해서 자기 구역을 주장하거나 서로를 확인할 때, 발정기인 암컷에게 어필할 때 등 고양이들끼리의 소통할 때에도 후각은 빼놓을 수 없습니다. 일설에 의하면 고양이는 지구상에 있는 40~50만 종류나 되는 냄새를 인식한다고도 합니다. 고양이는 정말 우리 인간들이 알 수 없는 다채로운 냄새의 세상에서 살고 있습니다.

웃는 것처럼 보이는 얼굴은 플레멘(Flehmen)입니다.

냄새를 맡은 고양이가 입을 반쯤 벌리고 웃는 얼굴을 한다…. 이것은 '플레멘'이라고 불리는 표정입니다. 고양이는 코 외에 냄새를 감지하는 기관을 하나 더 가지고 있습니다. 주로 페로몬을 감지하는 기관이라고 여겨지는데, 야콥손 기관이라고 불립니다. 이 기관은 입속 천장 부분의 뒷면에 있으며, 앞니의 뒤쪽 잇몸 옆에 있는 작은 2개의 구멍이 그 입구입니다. 수컷이 발정기인 암컷의 오줌 냄새를 맡는 경우에는, 야콥손 기관에 냄새를 집어넣기 위해 입술을 말아 올리고

A 입 안에 있는 냄새를
감지하는 기관에 냄새를
집어넣기 위해서야.

입을 반쯤 벌려서 숨을 들이쉽니다. 그
모습이 마치 웃고 있는 듯한, 당겨진 얼
굴로 보이는 것입니다. 주인이 신다 벗은
양말 냄새를 맡을 때도 플레멘을 하는 고
양이가 많다고 합니다.

뛰어난 후각으로 여러 가지 정보를 캐치!

Q25

뭐든 잘 씹지도 않고 삼키던데, 괜찮은 걸까?

어금니로 고기를 찢은 뒤에 통째로 삼킵니다.

인간들이 고기를 먹을 경우에는 먼저 앞니를 사용해서 입에 들어갈 만한 크기로 물어뜯은 뒤에 어금니(구치)로 으깨거나 잘게 씹은 뒤에 삼킵니다. 그런데 고양이는 큰 고기나 날 생선을 주어도 거의 씹지 않고 삼킵니다. '모처럼만의 식사인데 좀 더 맛을 음미하면 좋을 텐데' 하는 생각이 들 수도 있겠지만, 이는 무리한 바람입니다. 고양이뿐만이 아니라 육식 동물에게는 이런 방식이 일반적인 식사 방법입니다. 야생에서는 느긋하게 식사를 하다가는 다른 동물들에게 먹이를 뺏기게 될 위험성이 있기 때문에, 맛을 음미하기보다도 단시간에 먹는 것이 최우선입니다. 또 애당초 고양이에게는 씹기 위한 이빨이 없습니다. 고양이의 어금니는 열육치(裂肉齒)라고 해서 끝이 뾰족합니다. 이는 식육목에 속하는 동물들 특유의 이빨로, 고기를 뜯어서 먹기 위해 발달한 것입니다. 고양이는 이 열육치로 고기를 물어뜯어서 그대로 통째로 삼킵니다. 물론 입 속에서 씹지 않아도 위 속에서 제대로 분해할 수 있는 몸 구조로 되어 있기 때문에 배탈이 날 걱정은 없습니다.

와구   와구   와구

A 나에게는 잘게 으깨는 이빨이 없어서 이렇게 먹는 게 일반적인 식사 방법이야.

• 고양이의 입 구조 •

송곳니(견치)
위아래로 2개씩 있는 총 4개의 날카로운 이빨입니다. 사냥할 때 먹이의 숨통을 끊을 때나 먹이를 물어서 옮길 때 고정하기 위해 사용합니다.

앞니(절치)
위아래로 6개씩 있는 총 12개의 작은 이빨로, 문치라고도 불립니다. 원래 먹이의 털이나 날개를 잡아 뜯는 데에 사용했었기 때문에, 먹는 용도로는 거의 쓰이지 않습니다.

어금니(열육치)
위턱에 8개, 아래턱에 6개가 있는 총 14개의 이빨입니다. 끝이 뾰족하며 이가 맞물리는 상태가 가위처럼 위아래가 약간 어긋나 있는 것이 특징입니다. 고기를 뜯어서 먹는 데에 편리한 구조입니다.

사람과 고양이의 어금니 차이
육식 동물인 고양이의 어금니(열육치)와 다르게, 잡식성인 인간의 어금니는 씹기 위해 사용됩니다. 인간의 어금니는 상부가 평평한 절구와 같은 형태로, 위아래가 딱 맞물려서 음식을 잘게 씹거나 으깨기에 적합한 구조로 되어 있습니다.

Q26

귀를 안테나처럼 움직이던데, 뭘 하는 걸까?

🧶 고양이의 귀는 파라볼라 안테나

고양이는 소리의 근원을 정확하게 파악하는 능력이 뛰어납니다. 이때 도움을 주는 것이 바로 쫑긋 서 있는 큰 귀입니다. 소리를 모으기 수월한 메가폰과 같은 형태로, 약 180도나 회전시킬 수 있는 데다가 좌우를 따로따로 움직일 수도 있습니다. 고양이는 귀를 전후좌우로 움직여서 소리를 캐치하고, 두 귀에 들어오는 소리의 시간차나 세기의 차이를 이용해서 소리의 근원을 알아냅니다. 어둠 속에서도 먹이가 있는 장소를 정확하게 알 수 있는 것은 이 능력 덕분입니다.

• 고양이의 귀는 어디에서 어디까지 움직이는 걸까? •

보통

왼쪽만

오른쪽만

꾸벅

고양이의 귀에는 인간의 5배나 많은 근육이 있으며, 귀는 약 180도나 회전시킬 수 있습니다. 또 좌우를 따로따로 움직이게 하는 것도 가능합니다.

A 귀를 움직여서
소리의 근원을
탐색하는 거야.

초음파도 들을 수 있는 예민한 청각

'집으로 돌아와 현관문을 열었는데 고양이가 앉아서 마중을 나와 있었다.' 이는 희미한 발소리도 감지해서 들을 수 있는 고양이의 예민한 청각 덕분입니다. 고양이가 특히 뛰어난 것은 고음을 감지하는 능력입니다. 사람이 들을 수 있는 범위는 일반적으로 바이올린의 고음 정도인 20kHz 정도까지지만, 고양이는 무려 약 80kHz까지 들을 수 있습니다. 또 고양이는 고주파수의 음에 대해서는 고작 1/10에서 1/50에 이르는 미세한 음정의 차이도 구분할 수 있다고 합니다. 고양이의 먹이인 쥐 같은 다수의 설치류는 20~90kHz의 고주파의 울음소리를 냅니다. 고양이가 초음파도 들을 수 있는 청각이 발달한 것은 이 때문일 것입니다.

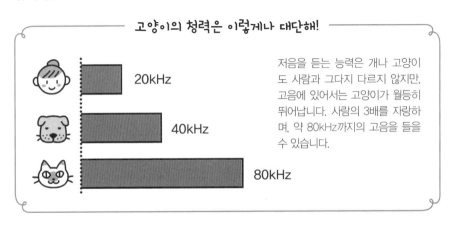

고양이의 청력은 이렇게나 대단해!

20kHz

40kHz

80kHz

저음을 듣는 능력은 개나 고양이도 사람과 그다지 다르지 않지만, 고음에 있어서는 고양이가 월등히 뛰어납니다. 사람의 3배를 자랑하며, 약 80kHz까지의 고음을 들을 수 있습니다.

Q27

왜 수염을 쫑긋쫑긋 움직이는 걸까?

수염에는 중요한 역할이 아주 많습니다.

고양이의 수염 뿌리에는 많은 신경이 모여 있습니다. 이 때문에 수염 끝에 뭔가가 닿았을 때는 물론이며, 공기의 흐름 같은 아주 미세한 자극조차도 민감하게 감지할 수 있습니다. 고양이가 어둠 속에서도 장애물에 부딪히지 않고 걸을 수 있는 것은 이런 기능을 가진 수염으로 주위의 상황을 확인하기 때문입니다. 수염이 이물질에 닿으면 반사적으로 눈을 감아서 눈을 보호합니다. 또 좁은 장소를 지나갈 때는 수염을 사용해서 갈 수 있을지를 가늠하고, 먹이의 냄새가 나면 수염으로 바람의 방향을 감지해서 먹이가 있는 곳을 찾아냅니다. 거기에 습도나 기압의 변화까지 감지할 수 있다는 설도 있을 정도입니다. 고양이의 수염은 놀랄 만큼 우수한 센서입니다. 한편, 흥미가 있을 때는 앞을 향하고, 편안할 때는 아래를 향하는 등, 고양이의 수염에는 그때그때의 기분도 나타납니다.

일상생활에는 수염을 빼놓을 수 없다.

어두워도 괜찮아 ♪

저쪽에서 먹이의 냄새가 나는구냥.

수염으로 바람의 방향을 확인!

주위 상황이나
사물의 상태를
조사하는 거야.

고양이가 빠져나갈 수 있는 범위

빠져나갈 수 있는 범위

고양이의 수염은 장식이 아니라 감각기관 중 하나입니다. 그러니 수염은
절대로 자르거나 뽑지 맙시다. 수염을 자르면 사물에 부딪히거나 좁은 곳
을 못 지나가게 되는 등 한순간에 감각이 무뎌지게 됩니다. 찰나의 순간에
장애물을 피하지 못해서 큰 부상을 입게 될 가능성도 있습니다.

Q28

목을 잡으면 왜 얌전해지는 걸까?

목덜미를 잡혔을 때 움직이지 않게 되는 것은 본능적인 조건 반사입니다.

어미 고양이는 보금자리에서 나와 헤매는 새끼 고양이를 데리고 돌아올 때나 보금자리를 옮길 때 새끼 고양이의 목 뒤를 물어서 옮깁니다. 급소이기도 한 목덜미를 물린 새끼 고양이는 반사적으로 움직이지 않게 되고, 어미 고양이가 놔줄 때까지 가만히 있습니다. 이 습성이 어른이 되어서도 남아 있어 목덜미를 잡히면 조건 반사적으로 얌전해지는 것입니다. 그렇다고 해서 목덜미를 잡아서 들어 올리는 것은 웬만하면 하지 맙시다. 고양이가 성장하면 목만으로는 체중을 지탱할 수 없어서 숨쉬기가 힘들어집니다. 안을 때는 가슴과 엉덩이를 양손으로 퍼 올리듯이 들어 올린 뒤, 엉덩이 밑으로 손을 돌려서 몸을 지탱하도록 합시다.

76

> # 목덜미는
> # 얌전해지는 스위치야.

수컷은 교미를 할 때 이 습성을 이용합니다.

발정기의 암컷은 수컷 앞에서 이리저리 뒹굴거나 수컷에게 등을 보이고 몸을 웅크리거나 하는 어필을 하면서 교미를 유도합니다. 그러다 수컷이 다가오면 살짝 도망가서 조금 떨어진 장소에서 다시 어필을 합니다. 이렇게 하면서 수컷을 몹시 애태우는 것이지요. 그 사이 수컷은 암컷에게 달려들어서 덮친 다음, 암컷의 목 뒤를 가볍게 물어 몸을 제압합니다. 이것은 '넥그립'이라고 불리는 행동입니다. 넥그립을 당하면 암컷은 얌전해지면서 수컷을 받아들입니다. 물론 의식적으로 하는 것은 아니지만, 수컷은 '목덜미를 물면 움직이지 않는' 고양이의 습성을 잘 이용하는 것이지요.

2

고양이 몸의 비밀

• 수컷이 교미할 때의 행동 •

수컷은 암컷을 덮친 뒤, 목 뒤를 가볍게 물어서 땅에 누릅니다. 급소를 물린 암컷은 온순해집니다.

Q29

고양이는 발바닥에서 땀을 흘린다는 게 정말일까?

고양이의 땀은 '식은땀'입니다.

동물병원에 데려갔을 때, 진료대 위에 고양이의 젖은 발자국이 생길 때가 있습니다. 이것은 고양이의 땀입니다. 우리 인간들은 온몸에 땀샘이 있지만 고양이의 땀샘은 발바닥에만 있습니다. 또 고양이는 더울 때 땀을 흘리는 것이 아니라 긴장이나 흥분, 초조함, 공포, 화를 느꼈을 때 땀을 흘립니다. 우리도 긴장하면 손바닥이나 발바닥에 흥건하게 땀을 흘리는데, 그것과 마찬가지입니다. 고양이의 땀은 이른바 '식은땀'인 셈이지요. 이를테면 집에 손님이 많이 왔을 때나 먹이를 노리며 흥분했을 때 고양이의 발바닥을 봐 주세요. 축축해질 정도로 땀을 흘렸을지도 모릅니다.

발바닥에는 많은 기능이 있습니다.

탱글탱글한 고양이의 발바닥을 좋아하는 분들이 많을 것입니다. 하지만 이 탱글탱글함은 단지 귀여움만 가진 것은 아닙니다. 고양이가 걷거나 달릴 때, 탄력성이 있는 발바닥은 발소리나 충격을 흡수하는 쿠션의 역할을 합니다. 게다가 발바닥에는 땀샘이 있기 때문에, 걸은 뒤에 냄새를 남기는 데 도움이 되며 땀의 습기가 미끄럼을 방지해 주기도 합니다. 탱글탱글한 감촉으로 우리를 힐링시켜 주는 발바닥이지만 실은 중요한 기능을 많이 가지고 있습니다.

78

A

우리들의 땀샘은 발바닥에만 있어.

• 발바닥에는 각각 이름이 있습니다. •

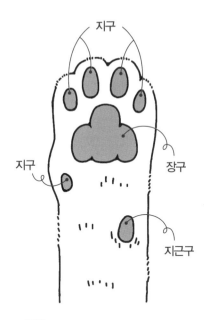

지구

지구

장구

지근구

지구

족저구

앞발

발가락 끝에 있는 5개의 발바닥이 '지구', 손바닥처럼 보이는 큰 발바닥이 '장구', 조금 떨어진 곳에 있는 것이 '지근구'입니다.

뒷발

뒷발의 발바닥은 4개입니다. 각각의 발바닥 끝에 있는 작은 발바닥을 '지구'라고 부릅니다. 한가운데에 있는 큰 발바닥은 '족저구'입니다.

Q30

가르릉거리는 소리는 어디에서 나오는 걸까?

아직도 밝혀지지 않은 고양이의 신비한 특성 중 하나입니다.

가르릉 가르릉 목을 울리는 것은 고양이의 대표적인 특징 중 하나입니다. 하지만 이 익숙한 소리가 어디에서 어떤 구조로 나오는지는 여전히 밝혀지지 않아서, 전문가들 사이에서는 다양한 설이 나오고 있습니다. 그중 하나가 가성대 설입니다. 고양이에게는 보통의 성대와는 별도로 가성대가 있는데, 그 부분의 목근육이 진동함에 따라 가르릉 소리가 나온다는 것입니다. 이 밖에도 '기관과 횡경막의 근육이 진동하기 때문에, 그 진동이 목으로 전해진다'라거나 '정맥혈이 복부에서 가슴 부분으로 들어올 때 혈류가 흐트러져서 가슴의 공동 안에서 울린다'라는 설, '동맥의 혈관 벽에 혈액이 강하게 닿아서 그 소리가 온몸에 공명한다'라는 등의 설이 있는데, 어느 것도 확증을 얻지는 못했습니다. 이렇게나 과학이 발달했는데도 밝혀지지 않았다는 것이 신기하기만 한데, 실험으로 확인하려고 해도 기기를 붙이면 고양이가 긴장한 탓에 가르릉거리지를 않아서 꽤나 어렵다고 합니다. 이것도 고양이의 신비한 특성 중 하나네요.

괴로울 때 가르릉거리는 것에도 주의가 필요!

다들 알다시피, 고양이는 기본적으로 기분이 좋을 때나 만족할 때 목을 가르릉 가르릉 울립니다. 이 외에도 밥을 달라고 하거나 쓰다듬어 주길 바라거나, 놀아 주기를 바랄 때처럼 주인에게 뭔가를 요구할 때에도 가르릉거리며 소리를 낼 때가 있습니다.

가성대 설, 혈류 설 등 다양한 설이 있어.

가르릉 소리는 행복하다는 신호의 대명사처럼 여겨지지만 반드시 그런 것은 아닙니다. 고양이는 병이나 부상으로 몸 상태가 안 좋을 때나 고통을 느꼈을 때도 목을 울립니다. 이것은 새끼 고양이 시절의 습성이 남아서 그런 것으로 보입니다. 새끼 고양이는 젖을 먹을 때 가르릉 소리를 냅니다. 이 소리는 어미 고양이에게 보살핌을 바라는 신호인데, 병이나 부상을 입었을 때 목을 울리는 것도 같은 의미입니다. 즉, '엄마, 도와줘요'라는 신호인 것이죠. 괴로울 때의 가르릉 소리를 만족의 가르릉 소리로 착각하지 않도록 합시다.

가르릉 소리의 2개의 의미

행복할 때
주인이 쓰다듬어 주거나 안아 줘서 기분이 좋을 때, 만족할 때 목을 울립니다.

병이나 부상을 입었을 때
몸 상태가 나쁠 때나 고통을 느꼈을 때, 스트레스를 느꼈을 때는 낮은 소리로 가르릉거리며 웁니다.

Q31

다양한 고양이의 무늬, 어떻게 생겨난 걸까?

🌀 시작은 리비아 고양이의 연한 모래색

흰색, 검은색, 레드, 블루 같은 단색부터 얼룩 등의 2색, 3색, 줄무늬 모양(Tabby), 머리, 네 다리, 꼬리 등 몸의 끝에만 색이 들어간 포인트 컬러까지, 고양이의 털 색깔이나 모양은 실로 다양하지요. 하지만 처음부터 종류가 이렇게 다양했던 것은 아닙니다. 고양이(집고양이)의 선조는 고대 이집트 시대 때 곡물을 엉망으로 만들던 쥐를 퇴치하기 위해 가축화되었던 리비아 고양이입니다. 그리비아 고양이의 털은 연한 모래색의 줄무늬 모양이었습니다. 리비아 고양이가 살던 사막에서는 그 색이 몸을 감추기에 딱 좋은 보호색이었습니다. 즉, 이것이 고양이 본래의 색입니다.

🌀 세계 각지에서 품종 개량이 이루어져 다채로워졌습니다.

고양이는 이윽고 이집트에서 전 세계로 퍼졌고, 각지의 토착 야생 고양이와의 교배에 의해 다양한 털색과 무늬가 생겼습니다. 이와 더불어 빈번한 근친교배의 결과, 흰색이나 검은색 등 야생에서 살아가기에는 너무 불리한 눈에 띄는 털을 가진 고양이도 탄생했습니다. 게다가 돌연변이에 의해 출현한 희귀한 색이나 무늬를 고정하기 위해, 혹은 다른 특징을 가진 고양이들끼리 교배를 시켜 새로운 색과 모양을 만들기 위해 세계 각지에서 품종 개량이 이루어져 다채로운 변종이 생겨난 것입니다. 본래 고양이는 단모였지만, 지금은 장모, 곱슬, 심지어는 털이 없는 고양이까지 등장하는 등 털의 길이나 질감도 풍부해졌습니다.

A 사람에게 길러지게 된 뒤로 다양해졌어.

털의 변화에 따라 눈의 색깔에도 변화가

고양이의 눈 색깔은 털의 색과 관계가 있습니다(일부 예외도 있습니다). 원래 고양이의 눈은 살쾡이색이라고 불리는 연황록색이나 금색이었지만, 털색이 다채로워지자 그린, 블루, 오렌지 등 다양한 눈의 색이 나타났습니다. 그중에는 좌우 색이 다른 오드 아이(금색 눈과 은색 눈)를 가진 고양이도 있습니다. 같은 색이라도 색감에는 폭이 넓어서, 실로 각인각색이 아닌 각묘각색입니다. 덧붙여 털색이 희고 눈이 푸른 고양이에게는 청각 장애가 많이 나타나는데, 특히 눈 한쪽이 오렌지이고 다른 한쪽이 블루인 오드아이인 경우에는 색이 블루인 쪽의 귀가 들리지 않습니다.

아메리칸 숏헤어

샴

라팜

삼색털

벵갈

Q32

고양이의 기억력은
어느 정도일까?

안 좋은 경험은 트라우마로 오래 남습니다.

사람은 과거의 사건을 일련의 스토리로 기억하지만, 고양이는 유쾌함, 불쾌함 등의 감정과 연관을 지어서 기억합니다. 특히 '불쾌했다, 즉 안 좋았던 경험'은 놀랄 만큼 잘 기억합니다. 예를 들면 배변 중에 큰 소리가 나서 깜짝 놀란 뒤로는 화장실에 가까이 가지 않게 되었다는 경우도 종종 있습니다. 안 좋은 경험이 트라우마로 강렬하게 남기에, 한 번 안 좋은 일이 일어난 장소나 안 좋은 일을 겪게 만든 사람에게는 절대로 가까이 가려 하지 않습니다. 이는 위험을 피해서 살아남기 위한 야생의 본능일지도 모릅니다. 특히 경계심이 강한 겁쟁이 고양이에게서 이러한 경향을 볼 수 있습니다.

● 싫어하는 장소에는 가까이 가지 않습니다. ●

> ## A 어떤 경험이냐에 따라 다르지만, 안 좋았던 경험은 잊지 않아.

트라우마를 이용한 효과적인 훈육 방법

고양이를 혼낼 때는, 이 '안 좋았던 경험은 잊지 않는다'라는 성질을 이용하면 효과적입니다. 예를 들어 함께 놀 때 고양이가 손을 문다면 그 순간, "그럼 안 돼!" 혹은 "안 돼!"라고 큰 소리로 외칩니다. 고양이가 깜짝 놀라서 손에서 떨어지면, 그대로 아무 말도 하지 말고 떠납시다. 이렇게 '손을 물었더니 깜짝 놀랐다, 즉 안 좋은 일이 생긴다'라고 연관시켜서 기억하게 만들면 손을 물지 않게 됩니다. 포인트는 고양이가 해서는 안 되는 일을 한순간에 바로 큰 소리를 내는 것입니다. 고양이에게는 '방금 전'이라는 개념이 없기 때문에, 시간이 지난 뒤에는 왜 혼나는지 이해를 하지 못합니다.

2

고양이 몸의 비밀

혼내는 타이밍

Q33

어떻게 높은 곳에서 뛰어내려도 착지할 수 있는 걸까?

몸이 기울어지는 것을 바로 감지! 그 비밀은 귀 속에 있다?!

지붕이나 담벼락, 나무 위에서 뛰어내린 고양이가 공중에서 몸을 휙 하고 회전시켜 멋지게 착지할 때가 있습니다. 이러한 재주를 부릴 수 있는 것은 고양이가 뛰어난 평형감각을 지녔기 때문입니다. 평형감각을 맡고 있는 곳은 귀 속(내이)에 있는 전정(前庭) 기관이라는 곳입니다. 기관 안에는 진동을 캐치하는 민감한 털이 있는데, 그 털의 움직임에 따라 몸의 기울기를 바로 감지해서 전정 신경을 통해 뇌로 전하는 구조입니다. 고양이는 이 전정 기관이 매우 발달했기 때문에, 등 뒤로 떨어져도 머리의 방향을 금세 파악해서 위치를 되돌려 몸을 밑으로 향하게 한 뒤 다리로 착지할 수 있는 것입니다.

요즘 고양이는 운동 능력이 저하되었다?!

훌륭한 착지를 성공시키기 위해서는 평형감각과 더불어 몸의 유연성도 반드시 필요합니다. 활과 같이 유연하게 구부러지는 등뼈, 유연하고 강력한 근육이 있기에 아크로바틱 같은 부드러운 착지가 가능한 것입니다. 그러나 높은 곳에서 떨어져도 괜찮다고는 해도 한계는 있습니다. 특히 요즘 실내에서 키우는 집고양이는 운동 능력이 저하되어 있기 때문에, 2층에서 떨어져 골절을 당하는 경우도 늘어나고 있다고 합니다. 큰 부상을 당하거나 목숨을 잃는 경우가 없도록 되도록이면 높은 곳에서 떨어질 때 조심하는 것이 좋겠습니다.

나의 주특기가 바로 뛰어난 평형감각이기 때문이지.

• 높은 곳에서 떨어졌을 때의 착지 방법 •

평형감각을 관장하는 것은 내이에 있는 전정 기관입니다. 이 기관 속에 있는 민감한 털이 몸의 기울기를 감지해서 뇌로 신호를 보냅니다.

① 낙하하게 되면, 전정 기관이 몸의 기울기를 바로 감지합니다. 머리의 방향을 정확하게 파악해서 재빠르게 원래대로 되돌리려고 합니다.

② 머리를 정위치로 되돌리면서 눈은 착지점을 봅니다. 계속해서 어깨, 가슴, 허리 순으로 머리에서 가까운 쪽부터 몸을 비틀기 시작합니다.

③ 착지점을 응시한 채, 머리의 위치가 흐트러지지 않도록 해서 몸을 반전시킵니다. 사지를 지면으로 향하고 앞발을 뻗습니다.

④ 정해 둔 지점에 앞발을 착지시킨 뒤 뒷발을 끌어당깁니다. 착지한 순간에 뻗었던 다리를 움츠려서 충격을 완화시킵니다.

Q34

어떻게 발소리를 내지 않고 걸을 수 있는 걸까?

평소에는 무기인 발톱을 넣어 둡니다.

밖을 걷고 있는 개를 보면 타닥타닥거리면서 발소리를 내며 걷지요. 한편, 고양이는 발소리를 내지 않아서 그야말로 도둑 걸음이라는 느낌이 듭니다. 이 차이는 걸을 때 발톱이 나와 있는가 나와 있지 않은가에서 납니다. 고양이의 발톱은 발가락 뼈 끝에 붙어 있는데, 힘줄로 연결되어 있습니다. 발가락을 펴서 힘을 주게 되면 힘줄이 늘어나서 발톱이 나오고, 힘을 빼면 힘줄이 느슨해져서 발톱이 들어가는 구조입니다. 이 때문에 상황에 맞춰서 자유롭게 발톱을 넣었다 뺐다 할 수 있는 것입니다. 참고로 갓 태어난 새끼 고양이는 발톱이 그대로 나와 있습니다. 생후 4주 정도가 되면 발톱을 넣었다 뺐다 할 수 있게 됩니다.

• 발톱이 나오는 구조 •

위쪽의 힘줄이 늘어나서 발톱이 나온 상태   위쪽의 힘줄이 느슨해져서 발톱이 들어간 상태

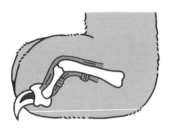 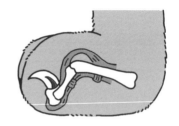

힘줄이 늘어나고 느슨해짐에 따라 고양이의 발톱은 들어갔다 나왔다 합니다. 위쪽의 힘줄이 느슨해지고 아래쪽의 힘줄이 늘어나면 발톱이 들어가고, 그 반대가 되면 발톱이 나옵니다.

발톱을 자유롭게 집어넣을 수가 있기 때문이지.

🐾 고양이의 독특한 걸음걸이도 조용하게 걸을 수 있는 요인 중 하나!

고양이의 걸음걸이를 잘 보면, 뒤꿈치를 대지 않고 발끝으로 서서 사뿐사뿐하게 걷는다는 것을 알 수 있습니다. 이 '캣워크'야말로 고양이 특유의 기민한 움직임의 비밀입니다. 우리 인간들도 달릴 때는 뒤꿈치를 대지 않고 발끝으로 지면을 찹니다. 고양이가 발끝으로 서는 것도 같은 이유입니다. 효율적으로 먹이를 잡기 위해 언제든지 바로 빨리 달릴 수 있는 스타일로 진화한 것입니다. 다만 고양이는 순간 스피드는 뛰어나지만, 개와 달리 지구력은 부족합니다.

스마트한 몸동작

나란 녀석 걷는 모습도 아름답자냥.

어느 곳에서 봐도 아름답자냥.

칫! 똥폼 잡으면서 걷기는.

샤랄라

샤랄라

캣워크

Q35

점프력이 뛰어난
이유는 뭘까?

숲속 생활에서 발달한 경이로운 도약력

고양이는 가구나 담벼락, 나무 위 등 자신의 몸의 몇 배나 되는 높이의 장소에 도움닫기 없이도 폴짝 뛰어 올라갈 수 있습니다. 개체마다 차이는 있겠지만 최대 약 2m나 점프가 가능하고, 착지점을 정확하게 조절할 수 있습니다. 또 강인한 인대, 탄력 있는 힘줄, 유연한 근육을 가지고 있어서 뛰어내렸을 때 받는 충격이 적은 몸의 구조를 가지고 있습니다. 이러한 능력들은 고양이의 선조가 숲속에서 사냥을 하며 살던 시절에 발달한 것입니다. 나무로 올라가 적으로부터 도망치거나, 먹이를 기다리며 매복했기 때문에, 나무 위에서 가볍게 움직일 수 있는 개체가 살아남았고 도약력이나 평형감각이 발달한 유전자가 남았다고 합니다.

뒷다리의 무릎을 한 번에 늘려서 점프!

고양이의 경이로운 도약력의 비밀은 유연한 등뼈와 강력한 근육, 그리고 몸에 비해 긴 뒷다리에 있습니다. 고양이는 목이나 등뼈 사이의 근육의 결합이 굉장히 부드럽게 되어 있어서 등뼈를 용수철처럼 휘게 해서 순발력을 얻을 수 있습니다. 또 고양이는 평소에 뒷다리의 무릎을 접은 상태로 서 있습니다. 그러다 뛰어오르는 순간에 한 번에 무릎을 폅니다. 이렇게 함으로써 큰 순발력을 얻어서 높이 뛰어오를 수 있는 것입니다. 우리 인간들도 점프를 할 때 반쯤 일어선 상태에서 무릎을 뻗는데, 그것과 같은 원리입니다.

골격과 근육, 그리고 뒷다리에도 비밀이 있어.

점프력이라면 누구에게도 지지 않습니다.

고양이의 선조는
개와 같다는 게 정말일까?

　고양이의 직접적인 선조는 리비아 고양이지만, 시대를 더 거슬러 올라가면 미아키스라고 하는 동물에 다다르게 됩니다. 미아키스는 약 5500만 년 전에 등장한 소형 식육목으로, 고양이과 동물과 개과 동물을 포함한 육식류의 선조입니다. 주로 삼림에서 작은 동물을 잡아먹으며 생활했었는데 이윽고 미아키스들끼리의 생존 경쟁이 발생합니다. 이후 약한 자는 삼림 밖 초원으로 생활 장소를 옮겼고, 그중에서 개과의 동물이 탄생하게 됩니다. 개나 늑대의 선조는 다리가 빠른 초식 동물을 잡기 위해 달리는 것에 적합한 체형으로 진화했고 무리지어 사냥을 하게 되었습니다.

　한편, 삼림에 남아 독자적인 진화를 이룬 것이 바로 고양이과 동물입니다. 그중 일부는 효율적으로 사냥을 하기 위해 순발력이나 점프력이 뛰어난 유연한 몸, 넣었다 뺐다 할 수 있는 날카로운 발톱 등을 지니게 되었습니다. 여기에서 현존하는 고양이의 선조가 탄생한 것입니다.

미아키스
5500만 년 전, 유럽에서 북아메리카에 걸쳐서 숲에 서식했습니다. 육식류의 선조입니다.

숲

프로아일루루스
약 3000만 년 전의 유럽에 분포했습니다. 숲에서 진화한 동물 중에서 고양이과의 선조에 해당합니다.

리비아 고양이
숲에서 나와 사막에서 진화한 고양이입니다. 현재의 집고양이의 직접적인 선조라고 알려져 있습니다.

 초원

헤스페로키온
약 3000만 년 전 초원으로 이동한 미아키스에서 진화한 육식 동물입니다. 북아메리카에 서식했습니다.

집개
집개라는 것은 분류학상의 이름을 말합니다. 사람에 의해 가축화된 가장 오래된 동물이라고 알려져 있습니다.

3

고양이의 커뮤니케이션

고양이는 다양한 동작이나 행동을 통해 서로 의사소통을 합니다.
고양이가 커뮤니케이션을 하는 방법을 알아봅시다.

Q36

고양이들끼리 하는 코 키스는 어떤 의미일까?

코→항문 순으로 냄새를 맡으며 상대를 확인합니다.

코 키스라고 해도 코와 코를 딱 붙이는 것은 아닙니다. 정확히는 코를 가까이 대서 서로의 얼굴 냄새를 맡는 것입니다. 얼굴이나 몸 주변에는 땀샘이 있기 때문에, 이렇게 냄새를 맡음으로써 상대를 확인하는 것이지요. 주로 친한 고양이들 사이에서 이루어지는 이른바 고양이의 '인사'입니다. 먼저 서로의 얼굴 냄새를 맡은 뒤, 다음에는 열위에 있는 고양이가 꼬리를 들어서 우위에 있는 고양이가 항문의 냄새를 맡게 합니다. 반면, 우위에 있는 고양이는 자신의 항문 냄새를 맡게 하지 않습니다. 이것으로 서로의 인사는 끝입니다. 덧붙여, 고양이의 얼굴 앞에 손가락을 들이밀면 코를 가까이 대는데 이것도 냄새를 맡기 위함입니다. 코와 닮은 작은 돌기를 보면 저도 모르게 습성으로 냄새를 맡게 되는 것입니다.

어느 쪽이 항문의 냄새를 맡는지가 문제?!

이 '냄새 맡기'는 낯선 고양이들끼리 만났을 때 이루어집니다. 코의 냄새를 맡는 것은 그냥 인사이기에 별 문제가 없지만, 항문의 냄새를 맡는 것은 일이 조금 성가십니다. 서로 상대방의 냄새는 맡고 싶지만 자신의 냄새는 맡게 하고 싶지 않은 복잡한 상황에 빠지게 되기 때문입니다. 그래서 고양이들은 상대의 얼굴을 자신의 엉덩이에 가까이 대 주지 않으려고 빙글빙글 원을 그리듯이 돕니다. 그러는 동안에 우열이 결정되고, 결국은 열위에 있는 고양이가 항문의 냄새를 맡게 하면서 우호 관계가 성립됩니다.

'안녕하세요'나
'처음 뵙겠습니다'라는
인사야.

● 냄새를 맡으며 상대를 확인 ●

자세를 낮게 하고 목을 길게 뺀 뒤, 코와 코를 가까이 대서 서로의 입 주변의 냄
새를 맡습니다.

서로 상대의 항문 냄새를 맡으려고 빙글빙글 돌다가 최종적으로는 열위에 있는
고양이가 자신의 냄새를 맡게 합니다.

Q37

초봄에 들리는 히스테릭한 울음소리는 뭘까?

암컷이 부르는 소리에 수컷이 반응하면서 울음소리 대결이 펼쳐집니다.

봄철에 들리는 발정기인 고양이의 울음소리는 상당히 시끄럽습니다. 이 야단법석은 암컷이 독특한 '발정한 울음소리'를 내며 수컷을 유혹하는 것에서 시작됩니다. 그러면 그 소리를 들은 수컷이 암컷의 울음소리를 따라하며 응수합니다. 거기에 또 암컷이 응답을 하고…. 이것이 반복되어 울음소리 대결이 펼쳐지는 것입니다. 즉, 이런 울음소리 대결은 고양이 발정기의 시작을 알리는 신호 같은 것이지요.

암컷은 페로몬으로 수컷에게 어필합니다.

암컷은 발정기에 들어가기 며칠 전부터 수컷에게 어필을 시작합니다. 앞에서 서술한 것처럼, 울음소리로 수컷을 유혹하는 것 외에도 여러 사물에 몸을 비비거나 몸을 꼬면서 바닥이나 땅을 이리저리 구르거나, 여기저기에 오줌을 쌉니다. 이렇게 발정 중이라는 신호인 성 페로몬을 남겨서 근처에 있는 수컷들을 끌어당기는 것입니다. 하지만 이 시점에서는 아직 수컷을 받아들일 준비가 되지 않았기 때문에, 수컷이 교미를 하려고 가까이 다가가면 공격하면서 쫓아냅니다. 이러한 시기를 '발정 전기'라고 하며, 1~3일간 계속됩니다. 그 뒤, 발정기를 맞은 암컷은 엉덩이를 들고 꼬리를 옆으로 치워서 외음부가 보이게 합니다.

A 짝을 찾기 위해 울음소리로 유혹하는 거야.

• 암컷이 수컷을 유혹하는 행동 •

비빈다

부비
부비

이리저리 뒹군다

엉덩이를 들어올린다

🌀 수컷에게는 발정기가 없습니다.

암컷이 첫 발정을 맞이하는 때는 생후 5~9개월입니다. 번식을 가장 많이 할 때는 2~8세인데, 드물게는 26세(인간의 연령으로 환산하면 100세 이상!)에 임신한 예도 있습니다. 한편, 수컷이 성적으로 성숙하는 것은 생후 9~12개월입니다. 수컷의 번식 능력은 15세 정도까지이지만, 성적 행동 자체는 평생 동안 이어지며 27세의 할아버지 고양이에게서도 관찰되었다고 합니다. 고양이의 번식 시즌은 겨울에서 초봄 사이, 초여름, 가을로 연 3회(지역에 따라서는 연 2회)입니다. 하지만 엄밀히 말하면 수컷에게는 발정기가 따로 없습니다. 수컷은 발정한 암컷의 울음소리나 냄새에 반응해서 흥분을 하는데 생식 자체는 거의 1년 내내 가능합니다.

Q38

사랑의 주도권을 쥐고 있는 것은 암컷? 아니면 수컷?

수컷은 어떻게 어필하는 걸까?

암컷의 울음소리나 냄새에 유혹된 수컷은 자신의 존재감을 암컷이나 다른 수컷들에게 어필합니다. 평소에는 가지 않는 장소에까지 오줌을 뿌리며 돌아다니거나 암컷 가까이에 있는 사물들에 몸을 비벼서 냄새를 남기지요. 또 발기한 성기를 맹렬히 핥는 것도 이 시기의 특징입니다. 그리하여 흥분한 수컷은 암컷과의 만남을 찾아 틈틈이 자기 구역을 뛰어넘어 원정을 나갑니다. 이 때문에 수컷들끼리의 접촉이 늘어나고, 여기저기에서 싸움이 일어나게 됩니다. 하지만 한 번 싸움을 해서 우열이 가려지면 다시 싸움을 하는 일은 없습니다.

수컷이 흥분했을 때의 행동

나의 냄새!

마킹을 한다

나의 냄새~

사물에 몸을 비빈다

싸움을 한다

으갸갸갸

성기를 핥는다

부지런 부지런

> ## A
> # 당연히 우리
> # 암컷들이지.

상대방을 고를 권리는 암컷에게 있습니다.

 수컷들끼리 싸움을 하는 동안, 암컷은 약간 거리를 둔 장소에 앉아서 그것을 지켜봅니다. 기본적으로는 싸움에 이긴 수컷이 교미를 할 권리를 얻지만 최종적으로 상대를 고르는 것은 암컷입니다. 고양이에게도 취향이 있어서, 설령 승자라 하더라도 마음에 들지 않는 경우에는 교미를 거부하고 패자를 택하는 경우도 있습니다. 그렇다 하더라도 그 한 마리와만 교미를 하는 것은 아닙니다. 보통 암컷은 발정기 동안에 여러 마리의 수컷과 교미를 합니다. 이 때문에 아버지가 다른 새끼 고양이가 동시에 태어나는 일도 많습니다. 아마 다양한 유전자를 이어받은 생명을 임신해서, 확실하게 자손을 남기기 위함일 것입니다.

어느 쪽이 이겼을까냥~?

강한 쪽은 어느 쪽일까?

으갸 냥~

저입니다!

흥!

당신은.... 얼굴이 내 취향이 아냐.

Q39

고양이의 임신과
출산은 어떨까?

출산 후 빠르면 한 달 내에 일가족이 모두 이사를 합니다.

암컷은 60~68일간의 임신 기간을 거쳐 출산을 맞습니다. 출산 장소로 선택하는 곳은 어둡고 건조하며 눈에 잘 안 띄는 장소입니다. 그래서 아무도 모르는 사이에 길고양이가 마루 밑이나 헛간에서 출산하는 경우도 드물지 않습니다. 한 번의 출산으로 태어나는 새끼 고양이는 1~9마리입니다. 평균 4마리 정도로, 최고 13마리라는 기록도 있습니다.

어미 고양이는 출산 후 시간이 조금 지나면, 새끼 고양이를 데리고 이사를 갑니다. 이는 새끼 고양이의 존재가 적에게 들키는 것을 막기 위함입니다. 출산 시에는 혈액 등으로 보금자리가 더러워져서 그 냄새가 적을 불러들이게 되기에 이사를 가는 것입니다. 고양이 중에는 하룻밤에 4~5번이나 이사를 가는 신경질적인 고양이도 있습니다. 이사는 어미 고양이가 새끼 고양이를 한 마리씩 물어서 새 보금자리로 옮기는 방식입니다. 새끼들을 모두 다 옮

긴 뒤, 어미 고양이는 반드시 옛 보금자리로 돌아옵니다. 고양이는 수를 세는 것이 서툴기 때문에, 텅 빈 보금자리를 보며 이사가 끝났다는 것을 확인합니다. 이러한 행동에서도 고양이는 모성이 강한 동물이라는 것을 짐작할 수 있지요. 새끼 고양이를 지키기 위해서라면 주인에게도 공격적으로 대하는 경우가 있기 때문에, 이런 경우에는 어미 고양이가 차분해질 때까지 지켜봐 줍시다.

A 교미 시에 배란을 하기 때문에 임신은 보다 확실해. 그리고 평균 4마리의 새끼 고양이를 출산하지.

암컷은 교미 시의 자극에 의해 배란합니다.

고양이의 교미 자체는 정말 몇 초 만에 끝나지만, 끝나기 직전에 신기한 광경을 볼 수 있습니다. 수컷이 성기를 뺄 때, 암컷이 '캭!' 하는 비명을 지르며 돌아본 뒤, 수컷을 할퀴려고 하는 광경입니다. 한편, 수컷은 암컷의 냥냥 펀치를 피하기 위해 재빨리 뒤로 물러납니다. 사실 수컷의 성기는 작은 가시로 덮여 있는데 이것을 뺄 때 암컷은 상당한 고통을 느낍니다. 하지만 여기에는 중요한 의미가 있습니다. 바로 이 자극에 의해 암컷의 배란이 일어나는 것이지요. 고통을 대가로 암컷은 보다 확실하게 임신을 할 수 있는 것이랍니다.

• 교미 배란으로 임신이 보다 확실 •

Q40

우두머리는 어떻게 정해지는 걸까?

우두머리 외에는 거의 모두가 평등합니다.

개의 경우에는 무리를 만들어 집단으로 사냥을 했기 때문에, 사회 구조가 완전한 피라미드형입니다. 그래서 엄격한 우열 순위가 있고 리더에게는 절대복종을 해야 합니다. 왜냐하면 사냥을 성공시키기 위해서는 힘 있는 리더를 따라 무리의 협조를 유지하는 것이 필수이기 때문입니다. 한편 단독 생활을 하는 고양이에게도 근처에 사는 고양이들과의 사회는 있습니다만, 거기에는 개 사회만큼의 명확한 순위 관계는 없습니다. 일단 우두머리는 존재하지만, 그 밖의 고양이들끼리는 순위가 없고 거의 평등합니다. 그래서 고양이 사회는 아주 완만한 서열로 이루어져 있습니다.

우두머리도 절대적인 존재는 아닙니다.

우두머리는 영토 안에서 가장 싸움을 잘하고 중성화를 하지 않은 수컷이 되는 것이 대부분입니다. 하지만 우두머리라 하더라도 개 사회의 리더만큼 절대적인 존재도 아니며, 영토 안의 고양이들을 지배하는 것도 아닙니다. 그저 '저 녀석은 싸움을 잘해'라고 모두에게 인정받는 정도입니다. 물론 싸움을 잘하기 때문에 음식이나 편안한 자리를 우선적으로 얻을 수 있고, 번식기를 맞은 암컷과 처음으로 교미를 하는 권리도 있습니다. 그러나 이것도 절대적인 것이 아니며 상황에 따라 우열이 바뀌는 경우도 있습니다. 또 교미에 있어서도 우두머리가 암컷을 독점할 수 있는 것은 아닙니다.

> ## A
> # 영토 안에서 싸움을 잘하는 수컷이 우두머리야.

🔍 시간이나 장소에 따라 우열이 변화한다?!

우두머리 이외에는 대부분 서열이 평등하지만, 고양이들끼리 우연히 마주치게 되면 그 자리에서만의 서열이 생깁니다. 이 우열 관계는 시간이나 장소에 따라 유동적으로 변화합니다. 예를 들면 2마리의 고양이가 길에서 딱 마주쳤을 경우, 선착순으로 우선권이 결정됩니다. 즉, 그 자리에 먼저 온 고양이가 먼저 지나가는 것입니다. 또 고양이 사회에서는 높은 장소에 있는 쪽이 우위가 됩니다. 우두머리가 땅 위를 걷고 있고 다른 고양이가 담벼락 위에 있는 경우에는, 우두머리 쪽의 지위가 아래가 되는 경우도 있습니다. 하지만 장소가 바뀌게 되면 2마리의 지위는 다시 뒤바뀝니다. 이렇듯 고양이들끼리의 관계는 꽤나 복잡합니다.

지위 역전

Q41

고양이들끼리의 궁합은 어디에서 갈리는 걸까?

중성화를 하지 않은 수컷들끼리는 트러블이 일어날 위험이 있습니다.

고양이들끼리도 궁합이 있습니다. 길고양이의 경우에는 영토가 넓기 때문에 마음에 들지 않는 상대가 있으면 접촉을 피할 수 있지만, 한정된 공간에서 사는 집고양이의 경우에는 그렇지가 않습니다. 궁합의 좋고 나쁨이 여실히 드러나기 때문에, 다수의 고양이를 함께 키우는 경우에는 충분한 주의가 필요합니다. 중성화를 하지 않은 수컷들끼리는 자기 구역 의식이 강하기 때문에 문제가 일어날 가능성도 큽니다. 반면, 암컷들끼리 있거나 이성끼리 있다면 리스크가 비교적 적을 것입니다. 그러나 궁합은 고양이의 개성에 따른 부분이 크기 때문에 "이 조합이라면 무조건 괜찮을 거야!"라는 것은 없습니다.

• 궁합 체크 •

수컷들끼리 → ✕
서로 자기 구역 의식이 강하기 때문에, 싸움을 해서 부상을 입거나 한쪽이 집을 나가는 경우도 있습니다. 중성화를 하면 잘 지낼 가능성도 있습니다.

암컷들끼리 → ◯
수컷들과 비교해서 싸움이나 트러블이 일어날 가능성은 적지만, 개체마다 차이가 있기 때문에 주의가 필요합니다. 애정을 평등하게 쏟는 것이 중요합니다.

A 성별에 따른 궁합도 있지만, 각자의 개성이 있기 때문에 일률적으로는 말할 수 없어.

수컷과 암컷 → ○

궁합 자체는 나쁘지 않지만, 새끼 고양이가 태어날 가능성이 높아서 다른 의미의 리스크가 있습니다. 새끼 고양이를 원하지 않을 경우에는 중성화 수술을 해 줍시다.

성묘와 새끼 고양이 → △

비교적 잘 지내지만, 새끼 고양이가 성장한 뒤에 기가 세져서 궁합이 안 맞게 되는 경우도 있습니다. 성묘가 질투를 느끼지 않도록 애정을 쏟아 줍시다.

새끼 고양이끼리 → △

비교적 잘 지내는 케이스가 많지만, 설령 새끼 고양이들이 형제라 하더라도 성장한 뒤에는 트러블을 일으킬 가능성도 있습니다.

노묘와 새끼 고양이 → △

새끼 고양이가 응석을 부리는 것이 노묘에게는 스트레스가 될 우려가 있습니다. 노묘가 안심하고 지낼 수 있는 장소를 만들어서 애정을 가득 쏟아 줍시다.

Q42

싸우는가 싶더니 갑자기 몸단장을 하네. 싸움이 끝났다는 걸까?

싸움은 되도록 피하고 싶은 것이 본심입니다.

고양이는 기본적으로 평화주의자입니다. 때문에 밖에서 고양이들끼리 우연히 만났을 때도 서로 모르는 척 지나치면서 그다지 접촉하려 하지 않습니다. 하지만 발정기인 암컷을 둘러싸고 수컷들끼리 경쟁하는 경우나 자신의 구역에 다른 수컷이 침입해 왔을 경우, 또 만나자마자 눈이 마주쳤을 경우 등 싸움을 하지 않을 수 없는 상황이 될 때도 있습니다. 이럴 때, 고양이는 먼저 상대를 위협합니다. 등을 구부리고 털을 세워서 자신이 커 보이게 만듭니다. 여기에서 어느 한쪽이 두려움을 느끼고 자리를 뜬다면 그대로 상황은 종료됩니다. 하지만 어느 쪽도 양보하지 않을 경우에는 본격적인 싸움으로 발전됩니다.

위협만으로 싸움!

A 몸단장을 해서 기분을 가라앉히려는 거야.

• 몸단장을 통해 긴장을 풀려는 것입니다. •

잠깐만, 타임.

릴랙스, 릴랙스.

엉겨 붙어 싸우는 도중에 어느 한쪽이 뒤로 물러나면 다른 한쪽의 고양이도 뒤로 물러나 자신의 몸을 핥으면서 몸단장을 하는 경우가 있습니다. 이것은 전위 행동이라고 불리는 것으로, 몸단장을 하면서 기분을 진정시켜서 긴장을 풀려는 것입니다. 그렇게 해서 기분이 진정되면 싸움을 재개합니다. 참고로 새를 잡으려다 실패했을 때나 혼났을 때도 이런 행동들을 하는 경우가 있습니다.

Q43

왜 새끼 고양이들끼리는 서로 자주 엉겨 붙는 걸까?

🌀 성장함에 따라 놀이가 복잡하게 변합니다.

　새끼 고양이들이 엉겨 붙더라도 싸우는 게 아니니 걱정할 필요는 없습니다. 이런 모습은 새끼 고양이의 성장에서 빼놓을 수 없는 중요한 놀이입니다. 새끼 고양이는 생후 3주를 지났을 무렵부터 형제 고양이들과 활발하게 놀게 됩니다. 처음에는 달라붙어 장난치는 정도이지만, 점차 복잡하고 격한 형태로 변화합니다. 사실 놀이에 사용하는 기본적인 동작은 어느 정도 정해져 있는데, 모두 8종류입니다. 그것은 새끼 고양이의 성장에 따라 발달해 갑니다. 모든 동작을 마스터하는 것은 생후 7주 즈음입니다. 새끼 고양이는 보통 2, 3마리서 노는데, 때로는 너무 열을 올려서 진심으로 싸우게 되는 경우도 있습니다. 하지만 이를 통해 자신과 상대방이 얼마나 아픈지를 알아 가면서 힘을 조절하는 법을 배워 갑니다.

🌀 몸동작이나 사냥 방법을 배웁니다.

　새끼 고양이는 형제와 놀면서 고양이로서의 몸동작이나 고양이들끼리의 커뮤니케이션 방법 등을 배웁니다. 쫓거나 몰래 다가가거나 달려들거나 급소인 목덜미를 물거나 하는 동작들은 모두 사냥에 필요한 것입니다. 그래서 새끼 고양이들은 놀이를 통해 사냥 능력도 몸에 익힙니다. 또 몸을 움직이면서 근육이 발달하는 한편, 중추신경계의 성숙이 촉진되는 효과도 있습니다. 생후 2개월 정도까지는 어미 고양이나 형제 고양이에게서 떨어뜨리지 말고, 실컷 놀게 해 주는 것이 중요합니다.

A 엉겨 붙어 놀면서 고양이 사회에서 살아가는 방법을 배우는 거야.

• 새끼 고양이는 놀이를 통해 몸동작을 배웁니다. •

3 고양이 커뮤니케이션

뒤집기(약 21~23일)
다른 고양이들을 놀이에 끌어들이는 신호입니다. 위를 향해 누워서 앞다리와 뒷다리로 공중을 휘젓습니다.

일어서기(약 23일)
왼쪽 그림의 자세를 취한 고양이 곁에서 뒷다리로 일어선 것 같은 자세를 취합니다.

옆으로 걷기(약 32일)
옆모습이 보이도록 상대방에게 접근하면서 상대방 주위를 돕니다. 적대하고 있는 고양이에게서 벗어나는 동작입니다.

추적(약 38~41일)
서로를 쫓고 쫓으면서 싸움을 하는 놀이로, 이 단계에서는 잡기 놀이만으로 끝납니다.

직립 자세(약 35일)
벌떡...!
앉은 상태에서 체중을 뒤로 옮기고 뒷다리를 펴서 직립보행 상태로 정지합니다.

급습(약 33~35일)
자세를 낮게 하고 타이밍을 재다가 갑자기 상대방 앞으로 튀어나갑니다. 사냥 동작입니다.

수평뛰기(약 43~46일)
상대방을 옆쪽으로 향하고 등을 약간 젖힌 다음 꼬리를 들어 올린 뒤 바닥에서 뛰어오릅니다.

대결(약 48일)
2마리가 서로 마주하고 앉은 뒤, 앞쪽으로 기운 자세를 취합니다. 그러면서 서로 펀치를 계속 날립니다.

109

Q44

어미 고양이가 새끼를 죽이는 일이 정말 있는 걸까?

강한 자식의 유전자를 남기려고 하는 동물의 본능

고양이는 모성 본능이 매우 강한 동물입니다. 원래 어미 고양이는 어떤 수를 써서라도 새끼 고양이를 지키려고 하지만, 때로는 자신의 새끼를 죽이는 경우도 있습니다. 가장 많은 경우가 살아갈 힘이 없는 약한 새끼를 죽이는 경우입니다. 잔혹하지만 강한 자손을 남기기 위한 야생의 본능이지요. 또, 다른 고양이들에게 공격당했을 경우, 그 고양이들이 떠난 뒤에도 흥분된 신경을 주체하지 못해 자신의 새끼들에게도 공격을 가하는 경우도 있습니다. 이 외에도 출산을 위해 적당한 보금자리를 찾지 못해 스트레스가 높아졌을 때나 어미 고양이가 극도의 영양실조 상태에 있을 때에도 새끼 고양이를 잡아먹는 경우가 있습니다.

수컷이 새끼 고양이를 죽이는 것은 극히 드뭅니다.

기본적으로 수컷 고양이가 갓 태어난 새끼 고양이에게 관심을 나타내는 일은 거의 없습니다. 하지만 극히 드물게 수컷이 새끼 고양이를 죽이는 경우도 있습니다. 여러 가지 이유가 있는데, 새끼 고양이의 크기나 형태가 먹잇감으로 생각하는 작은 동물의 모습과 닮아서 사냥 본능이 자극된다는 설도 있습니다. 호랑이 같은 대형 고양이과 동물들에게서는 자신의 유전자를 남기기 위해 다른 수컷의 자식들을 죽이고, 암컷을 다시 발정시키는 행동도 엿볼 수 있습니다. 수컷 고양이도 이와 같은 이유로 새끼 고양이를 죽이는 것일 수도 있습니다.

A 어미 고양이가 살아갈 힘이 없는 약한 새끼 고양이를 죽이는 경우가 있어.

• 어미 고양이의 경우 •

약한 새끼를 도태시킨다

살아갈 힘이 약한 새끼의 존재로 인해 자신이나 다른 새끼 고양이가 위험에 빠지는 것을 피하기 위해 죽이는 경우가 있습니다. 야생 본능에 의한 것입니다.

실수로 공격

어미 고양이는 다른 고양이의 공격으로부터 새끼 고양이를 지키기 위해 싸웁니다. 그 공격이 옆에 있는 새끼를 향하게 되는 경우도 드물게 있습니다.

어미 고양이의 스트레스

적당한 보금자리를 찾지 못한 스트레스로 인해 새끼 고양이를 죽이거나 극도의 영양실조 때문에 새끼 고양이를 잡아먹는 경우도 있습니다.

• 수컷 고양이의 경우 •

사냥 본능이 자극되어서

갓 태어난 새끼 고양이의 크기나 형태는 고양이가 먹이로 삼는 작은 동물들과 매우 닮았기 때문에 수컷의 사냥 본능이 자극되어서 죽이는 것일 수도 있습니다.

암컷을 다시 발정시키기 위해

자손을…

어떤 동물이라도 자손을 남기는 본능은 강한 법입니다. 수컷이 자신의 유전자를 남기기 위해, 새끼 고양이를 죽이고 암컷을 발정시킨다는 설도 있습니다.

Q45

고양이가 다른 동물과
사이가 좋아질 수 있을까?

생후 3~9주 사이에 접촉할 기회를 만들어 줍시다.

고양이는 생후 3~9주인 '사회화기'에 접촉했던 상대에게 애착을 가집니다. 그 상대는 비단 고양이뿐만이 아닙니다. 사람은 물론 개, 새, 햄스터, 토끼 같은 다른 종과도 애정의 연결 고리를 형성할 수 있습니다. 그리고 그 애착은 평생 동안 이어져서 성묘가 되어서도 사이좋게 지낼 수가 있습니다. 반대로 말하자면, 고양이와 다른 동물을 함께 키우고 싶다면 생후 3~9주 사이에 그 동물과 접촉할 기회를 마련하는 것이 좋다는 것입니다. 특히 작은 동물이나 새처럼 고양이의 먹이가 될 만한 것들은 이 시기를 지나면 친숙해지기가 힘들어집니다.

우정이 싹트는 순간

A 어릴 때 만날 기회가
있었다면 사이가
좋은 경우도 있어.

─── 작은 동물이나 새를 키울 때의 주의점 ───

새
고양이는 점프력이 좋기
때문에 높은 장소에 두어
도 위험합니다. 다른 방
에 두는 것이 좋습니다.

페럿
궁합은 비교적 나쁘지 않지만,
놀이가 격해지면 부상을 입힐
위험도 있습니다.

토끼
함께 지낼 경우에는
감시가 필요합니다.
특히 새끼 토끼는 먹
이가 될 위험이 있습
니다.

햄스터
본래는 고양이의 먹
이가 되기 때문에 주
의가 필요합니다. 같
은 방에서 케이지 밖
으로 꺼내는 것은 하
지 맙시다.

거북이
먹이가 아니기 때문에 관심을 보
이지 않습니다. 거북이도 고양이
에게 무관심합니다.

Q46

개를 만나면 왜 "흐으…, 하악…."하면서 몸을 부풀리는 걸까?

자신을 커 보이게 만들어서 상대방을 위협합니다.

개에게 익숙하지 않은 고양이나 겁이 많은 고양이가 자주 이런 식으로 행동하는데, 이것은 개를 향한 위협입니다. 이때 고양이는 사지를 쭉 펴고 등을 구부린 뒤, 꼬리를 세우고 등과 꼬리털을 세웁니다. 이렇게 가능한 한 자신을 커 보이게 만들어서 상대에게 위협을 가하려는 것이지요. 이때 고양이의 몸은 개 옆쪽을 향해 있을 것입니다. 이것은 정면을 향하는 것보다 몸이 커 보이기 때문입니다. '난 강하다고. 도망치는 게 좋을 걸!'이라고 말하는 것입니다.

속마음은 '무서워' 하면서 벌벌 떨고 있습니다.

언뜻 보면 싸울 마음으로 가득한 것처럼 보이지만, 사실 이때의 고양이는 '무서워', '도망치고 싶어' 하는 마음이 더 강합니다. 이것은 귀를 보면 잘 알 수 있습니다. 공격 모드에 들어갔을 때는 귀를 옆으로 떨어뜨리는데, 이 상황에서는 귀를 뒤로 내리깔 것입니다. 미묘한 차이이지만 속마음은 무서워하고 있다는 증거입니다. 그리고 고양이가 옆을 향한 자세를 취하는 것은 여차 싶으면 도망가기가 편하기 때문인 이유도 있습니다. 다시 말하자면 고양이는 속으로는 벌벌 떨면서 개에게는 허세를 부리는 것뿐입니다. 개가 먼저 달려들어 궁지에 몰리면 반격을 하겠지만, 먼저 공격할 생각은 전혀 없습니다.

A 신변의 위험을 느껴서
위협하는 거야.

위협했는데 도주?!

Q47

고양이는 사람의 말을 이해할 수 있을까?

고양이의 지능은 사람의 2세 아이 정도입니다.

고양이와 우리 인간들의 뇌를 비교하면, 기본적인 구조는 거의 다름이 없습니다. 하지만 기억이나 사고를 관장하는 대뇌신피질은 인간이 훨씬 더 발달되어 있습니다. 인간이 언어 능력이 높고 복잡한 사고나 학습이 가능한 것은 이 때문입니다.

고양이의 지능 수준은 사람의 2세 아이 정도로 추정됩니다. 사람의 말도 어느 정도 이해하며, 특히 '밥 먹어', '안 돼' 같은 일상적으로 쓰이는 짧은 말들에는 반응을 잘 합니다. 그러나 말의 의미 그 자체를 아는 것은 아닙니다. '밥 먹어'라는 말의 소리나 리듬, 악센트 등 그 말을 하는 주인의 행동을 연결시켜서 '밥 먹어 = 음식을 준다'라고 이해하는 것입니다. 또 고양이는 자기 학습 능력이 뛰어납니다. 가르쳐 주지도 않았는데 고양이가 문의 손잡이를 밑으로 내려서 문을 열었다거나 한 경험, 있지 않습니까? 그것은 주인의 행동을 보면서 문을 여는 방법을 익힌 것이지요. 고양이의 예리한 관찰력과 높은 학습 능력, 결코 무시할 수 없습니다.

밥 먹어~

일상생활에서 자주 쓰는 짧은 말들은 알아들어.

고양이도 개처럼 재주를 부릴 수 있을까?

고양이에게도 개처럼 '앉아', '이리 와' 같은 재주를 익히게 할 수는 있습니다. 하지만 개에게 가르칠 때보다도 끈기가 더 필요합니다. 이는 무리를 이루어 살던 개와 단독 생활을 하던 고양이의 습성의 차이에 의한 것으로, 머리의 좋고 나쁨과는 상관이 없습니다. 실제로 지능 자체는 개나 고양이나 별반 다르지 않습니다. 개는 리더인 주인에게 칭찬받는 것이 기뻐서 재주를 익히고, 결국에는 보상이 없어도 지시에 따르게 됩니다. 한편, 고양이는 누군가의 지시를 따라 행동하는 습성이 없기 때문에 재주를 부리는 것도 자기 기분을 따라서 가는 것이지요.

앉아.

고양이에게 재주를 가르칠 경우, 좋아하는 것을 코앞에서 보여 준 뒤 그것을 쫓게 하는 식으로 원하는 자세를 유도하는 것이 비결입니다. 잘할 때 칭찬해 주면서 좋아하는 것을 준다면 재주를 익힐 수도 있습니다.

만약 새끼 고양이를
발견한다면?

　애묘인으로서, 버려진 고양이나 길고양이를 내버려 둘 수 없는 기분은 충분히 이해합니다. 게다가 사랑스러운 새끼 고양이라면 두말할 것도 없지요. 하지만 만약 당신이 이미 고양이를 키우고 있다면 잠깐만 기다려 주세요. 이런 고양이들은 언뜻 건강해 보여도 기생충이나 감염증의 병원체를 가지고 있을 가능성이 적지 않습니다. 그래서 집고양이에게 그것들을 옮길 위험성이 있기 때문에, 집으로 데려가는 것은 피하는 것이 좋습니다. 또 당신을 통해서 옮길 위험도 있기 때문에 가능한 한 새끼 고양이를 직접 만지지 않는 것이 좋습니다.

　이때는 고양이를 키우지 않는 친구에게 부탁해서 동물병원에 데려가도록 합시다(키우는 고양이가 없는 경우에도 일단은 동물병원으로 데려갑시다). 검사 결과, 문제가 없다고 판명되면 집에 들여도 괜찮습니다. 집에 들인 후에는 주를 기준으로 하여 성장 속도에 따라 새끼 고양이용 우유나 이유식 등을 줍시다.

118

4

고양이 돌보기

고양이를 돌보면서 '어떻게 해야 하지?'라는 생각, 해 본 적 없나요?
식사, 손질, 주거 등 상황별로 주인의 의문을 풀어 드립니다.

Q48

밥에 모래를 뿌리는 행동을 하는 것은 밥을 먹기 싫어서일까?

배설물과 닮은 냄새에 반응합니다.

고양이에게 밥을 줬는데 정작 고양이는 먹지도 않고 모래를 뿌리는 행동을 하면서 어지럽히기만 합니다. 이를 보면 '밥이 마음에 들지 않는 걸까?'라는 걱정이 들지만, 이것은 고양이의 본능에 의한 행동입니다. 고양이는 볼일을 다 보면 냄새를 감추기 위해 앞다리로 모래를 뿌려서 배설물을 묻습니다. 이 습성은 배설물만이 아니라 배설물과 비슷한 냄새에 대해서도 나타납니다. 고양이는 장이 짧기 때문에 똥에는 미소화물이 많이 남습니다. 그렇기 때문에 때로는 소화가 다 되지 않은 밥 냄새가 배설물에서 날 때가 있습니다. 그래서 밥과 배설물의 냄새를 혼동한 고양이가 '내 대변과 같은 냄새네?'라고 생각하면서 반사적으로 밥에 모래를 뿌려서 감추려는 것입니다.

티슈나 타월을 덮는 경우도 있습니다.

이 행동은 '냄새의 원인 = 밥'을 감추는 것이 목적이기 때문에, 가까이에 티슈 같은 것이 있으면 그것을 밥 위에 덮는 경우도 있습니다. 주위에 아무것도 없을 때는 모래를 뿌리는 시늉을 하거나 밥을 어지럽힙니다. 하지만 공복일 때에는 바로 밥을 먹기 때문에, 기본적으로 모래를 뿌리는 동작은 식욕이 별로 없을 때라고 보면 됩니다. 그래도 고양이가 건강해 보인다면 걱정할 것은 없습니다. 억지로 먹이지 말고, 식욕에 따라 고양이가 알아서 먹도록 맡기는 것도 괜찮습니다.

> **A** 이 냄새를 맡으면
> 반사적으로 **모래를 덮어서**
> 숨기고 싶어져.

큰 사료는 안전한 장소에서 먹고 싶다?!

한편 고양이에게 한 입에 다 먹을 수 없는 큰 고기 등을 주면, 입에 물고 방구석이나 소파 뒤로 가져가서 먹는 경우가 있습니다. 야생의 고양이는 먹이를 잡게 되면 다른 고양이들이 가로채지 못하도록 안전한 장소로 옮긴 뒤에 먹었습니다. 이 습성이 남아서 먹이인 작은 동물의 사이즈에 가까운 음식을 보게 되면 무심결에 이런 행동을 취하게 되는 것입니다. 고양이 입장에서는 사람들 눈에 띄지 않는 곳에서 느긋하게 먹고 싶은 것이니, '지저분하게 먹어서 청소하기 힘들다고!'라고 화내지 말고 너그럽게 봐 줍시다. 또 밥을 줄 때는 될 수 있는 한 한입에 먹을 수 있도록 잘게 만들어서 줍시다.

• 방에서 가장 안전한 장소로 옮긴 후에 먹습니다. •

Q49

고양이 하면 생선이 떠오르지. 그런데 생선만 먹여도 괜찮을까?

'고양이 = 생선'은 언제부터일까?

일본에는 옛날부터 고양이를 좋아하는 사람들이 참 많을뿐더러 생활 곳곳에 고양이를 주제로 한 단어나 속담들이 많습니다. 그중 일본인들에게는 '고양이는 생선을 좋아한다'라는 인식이 있는데, 세계적으로 본다면 오히려 생선을 좋아하는 고양이는 오히려 소수입니다. 사실 고양이가 좋아하는 것은 '고기'입니다. 고양이는 육식 동물이니 당연하다면 당연한 것이지요. 해외에서는 어항 주변에 사는 고양이를 제외하면, 눈앞에 생선이 있어도 눈길도 주지 않는 고양이가 더 많습니다. 그렇다면, 왜 일본에서는 이런 이미지가 생긴걸까요?

이것은 일본인의 식생활과 관계가 있습니다. 과거 일본인에게는 고기를 먹는 풍습이 없어서 동물성 단백질은 주로 생선으로 섭취했습니다. 그리고 사람이 먹다 남은 것을 받아먹던 고양이도 당연히 생선을 먹었기 때문에, 여기에서 '고양이 = 생선'이라는 이미지가 생긴 것입니다. 이렇듯 고양이의 음식 취향은 어린 시절의 식습관에 영향을 받으므로, 고양이가 어렸을 때 주의해 주세요.

*네코 : 일본어로 고양이라는 뜻

> **A** 오히려 생선만
> 먹게 되면 영양 밸런스가
> 기울게 돼.

고양이에게는 밸런스가 잡힌 식사를

반려묘가 아무리 생선을 좋아한다 하더라도 그것만 주는 것은 안 됩니다. 생선은 양질의 단백질원이며 고양이에게 중요한 영양소인 타우린이 풍부하게 함유되어 있지만, 생선만으로는 영양 밸런스가 맞지 않게 됩니다. 예를 들면 불포화 지방산이라는 성분이 많이 함유된 참치, 가다랑어 같은 붉은 살 생선이나 고등어, 전갱이 같은 등 푸른 생선만 주다 보면, 비타민E가 부족해져서 황색지방증이라는 병에 걸리게 됩니다. 때문에 옛날의 고양이는 생선 외에도 스스로 쥐나 참새 등을 잡아먹으면서 필요한 영양소를 보충했습니다.

원래 고양이에게는 먹잇감인 쥐나 새 등이 이상적인 음식입니다. 고기에는 단백질이나 지방이 풍부하게 함유되어 있고, 뼈에는 칼슘, 내장에는 먹이가 먹던 식물에서 나온 탄수화물이나 비타민·미네랄류도 함유되어 있지요. 하지만 사냥을 하지 않는 현대의 집고양이의 경우에는 주인이 영양 밸런스에 신경을 써 줘야만 합니다. 밸런스가 좋은 간편한 식사를 생각하고 있다면 고양이 전용 식품을 추천합니다. 반려묘의 연령과 체격에 맞는 것을 줍시다.

4

고양이 돌보기

Q50

왜 물그릇에 있는 물은 마시지 않으면서 수도꼭지의 물은 마시고 싶어 할까?

고양이는 수돗물을 싫어한다?!

방금 물을 틀어 물그릇을 새것으로 바꾸어주었는데 굳이 욕실에 남은 물이나 화단의 물, 마당의 웅덩이나 연못의 물을 마시는 우리 집 고양이…. 고양이를 키우는 많은 사람들이 고개를 젓게 되는 이상한 행동 중 하나지요. 아무래도 고양이는 수돗물을 별로 좋아하지 않는 것 같습니다. 그도 그럴 것이, 후각이 예민한 고양이에게 바로 받은 수돗물을 주면 석회질 냄새가 강해서 먹을 마음이 들지 않을 테지요. 그런 점에서 볼 때 욕실에 남은 물이나 화단의 물은 시간이 지나면서 석회질이 빠져 있고, 웅덩이나 연못의 물도 깨끗하지는 않더라도 석회질 냄새는 나지 않습니다. 그래서 물그릇에 있는 물보다 더 선호하는 것입니다.

한편, 수돗물은 싫어하는데 수도꼭지를 통해 직접 물을 마시는 것은 좋아하는 고양이도 있습니다. 이것은 흘러나오는 물의 맛이 좋기 때문입니다. 또 물방울이 뚝뚝 떨어지는 모습이 재미있어서일 가능성도 있습니다. 이런 것들로 미루어 보아, 고양이에 따라 수도꼭지를 통해 흘러나오는 물의 선호도에 차이가 있다는 것을 엿볼 수 있습니다.

흐르는 물이 더 맛있는 걸.

물그릇 용기 자체가 마음에 들지 않을 가능성도 있습니다.

위생적으로 걱정되기 때문에, 고양이에게 되도록이면 고인 물은 먹이고 싶지 않은 법이지요. 수돗물을 미리 길어 둔 것이나 고양이용 미네랄워터 등을 사용하면 물그릇에 있는 물을 마시게 될 것입니다. 수도에 정화기를 다는 것도 좋습니다. 또 고양이는 미지근한 물을 좋아하는 경향이 있기 때문에 너무 차가운 물은 피해 주세요. 그래도 마시지 않을 경우에는 물그릇 용기가 마음에 들지 않은 것일 수도 있습니다. 고양이는 취향이 까다로워서 질감이나 형태에 집착합니다. 용기를 바꾸면 마시는 경우도 있기 때문에, 다양한 유형을 준비해 봅시다.

• 주인이 준비한 물을 먹지 않는 이유 •

물이 차갑다
고양이는 자연에 있을 법한 미지근한 물을 좋아합니다. 냉장고에 넣어둔 고양이용 미네랄워터는 너무 차가워서 마시지 않는 경우도 있습니다.

용기가 마음에 들지 않는다
용기의 소재나 질감, 형태, 깊이 등에 고집을 가지고 있는 고양이의 경우, 용기가 마음에 들지 않으면 물을 마시지 않습니다. 반려묘의 취향에 맞는 것을 찾아봅시다.

Q51

식사는 하루에 몇 번,
어느 정도 주는 것이 좋을까?

연령에 따라 식사의 횟수를 바꿉니다.

연령이나 체중에 따라 필요한 칼로리가 달라지기 때문에 새끼 고양이용, 성묘용, 노묘용 등 성장 단계에 맞춘 식품을 이용합시다. 식사 횟수도 고양이의 연령 등에 따라 바뀝니다. 새끼 고양이라면 하루 3~4회, 성묘는 2회, 노묘는 몸 상태나 식욕에 맞춰 3~4회가 좋습니다. 또 수유 중인 어미 고양이는 식사량이 늘어나기 때문에 하루 3~4회로 나눠서 줍니다. 식사는 매일 같은 시간에 줍시다.

적당량을 여러 번 나눠서 줍시다.

고양이는 원래 쥐나 새 같은 작은 동물을 한 마리 잡아서 먹고, 또 새로운 먹이를 잡으면 그때 식사를 하는 스타일로 생활했습니다. 이 때문에 고양이는 한 번의 식사 시 조금밖에 먹지 않습니다. 한 번에 많은 양을 주면 소화불량을 일으키거나 한 번에 다 먹지 못해 찔끔찔끔 먹게 되는 원인이 되기도 합니다. 이는 고양이의 몸과 위생적으로도 좋지 않기 때문에, 하루에 필요한 양을 조금씩 나눠서 주도록 합시다. 반려묘가 한 번에 다 먹을 수 있는 양을 개량해서 주는 것도 좋습니다. 또 고양이는 병에 걸리거나 나이를 먹으면 식욕이 뚝 떨어집니다. 이러한 때를 위해 반려묘가 아주 좋아하는 음식 정도는 알아 두는 것도 중요합니다.

126

성묘의 경우에는 하루에 2회, 조금씩 줍시다.

• 식사 내용과 횟수는 연령에 따라 바꿉시다. •

새끼 고양이
영양가가 높은 새끼 고양이용 식품을 이용합니다. 생후 6개월까지는 하루에 3~4번으로 나눠서 주고, 그 이후에는 하루 2번도 좋습니다.

성묘
고양이의 성장에 맞춰 생후 1년 정도를 기준으로 성묘용 식품으로 바꿉니다. 식사 횟수는 하루 2회로 합니다.

노묘
비만이 되지 않도록 저칼로리의 노묘용 식품을 하루 3~4번으로 나눠서 줍니다. 항상 신선한 물을 가득 준비합시다.

한 번의 식사량을 생각해 주세요.

Q52

밥 외에 고양이풀도
줘야 할까?

털 뭉치를 토해 내게 하는 효과를 기대할 수 있습니다.

펫 숍이나 원예점 등에서 팔고 있는 '고양이풀'은 볏과의 식물입니다. 고양이에게 먹이면 위가 자극되어서 몸단장을 할 때 삼켰던 털을 토해 내게 하는 효과가 있다고 알려져 있습니다. 또 비타민이나 엽산 같은 영양소가 풍부하게 함유되어 있기 때문에 고양이의 건강에도 좋다는 설도 있습니다. 하지만 고양이풀을 먹지 않아도 털 뭉치를 토할 수 있고 고양이 전용 식품에는 고양이에게 필요한 영양소가 모두 함유되어 있기 때문에, 고양이에게 고양이풀이 반드시 필요한 것은 아닙니다. 시험 삼아 한 번 줘 보고, 반려묘가 좋아하는 것 같으면 준비해 두면 됩니다.

고양이에게 유해한 관엽 식물에 주의

고양이풀을 먹는 것은 문제가 없지만, 관엽 식물이나 꽃 중에는 고양이에게 유독, 유해한 성분이 함유되어 있는 것들도 있기 때문에 충분한 주의가 필요합니다. 최악의 경우에는 죽음에 이르는 경우도 있습니다. 고양이가 실수로 맛보거나 삼킬 우려가 있으므로 유해한 식물은 집 안에 두지 않도록 합시다.

A 반려묘가 좋아한다면 준비해 두는 게 좋습니다.

• 고양이에게 유해한 식물 리스트 •

식물	이유	식물	이유
알로에	수액에 함유되어 있는 성분이 설사나 체온 저하를 일으킵니다.	수국	구토, 호흡 곤란 등을 일으키며 죽음에 이르는 경우도 있습니다. 꽃봉오리가 위험합니다.
포인세티아	잎이나 줄기가 위험합니다. 구토, 설사, 피부염, 입안의 자극 등을 일으킵니다.	토마토	열매는 무해하지만, 잎이나 줄기는 위험합니다. 피부 부스럼을 일으킵니다.
은방울꽃	구토, 설사, 복통, 부정맥 등을 일으키며 목숨에 지장이 있을 수도 있습니다.	튤립의 구근	피부에 염증을 일으킵니다. 대량으로 먹으면 심부전을 일으키는 경우도 있습니다.
시클라멘	구토, 설사, 위장염 등을 일으키고 섭취량이 많으면 죽음에 이를 수도 있습니다.	철쭉	구토, 경련 등을 일으키고 섭취량이 많으면 목숨이 위태로울 수도 있습니다.

Q53

사람이 먹는 음식은 왜 주면 안 되는 걸까?

사람의 음식은 고양이의 건강에 마이너스

식사 중에 고양이가 음식을 달라고 조르면 무심결에 주고 싶어지지요. 하지만 반려묘를 위해서라면 꾹 참아야 합니다. 사람에 맞춰서 간이 된 음식은 염분이 많아서 신장이나 비뇨기계의 병을 일으킬 우려가 있는 한편 심장에도 부담이 갑니다. 당분이 많이 함유되어 있는 것은 당뇨병이나 비만으로 이어질 수 있습니다. 또 사람의 음식 중에는 고양이에게 유해한 것도 있습니다. 대표적인 것이 양파, 파 같은 파 종류입니다. 이것들 속에는 고양이의 혈액 속 적혈구를 파괴하는 성분이 함유되어 있어서 빈혈을 일으킵니다. 사람의 음식에는 고양이의 건강을 손상시킬 위험성이 있다는 것을 잊지 말도록 합시다.

조르더라도 절대로 주지 맙시다.

한 번 사람의 음식 맛을 보게 되면 고양이는 계속 먹고 싶어 하게 됩니다. 그런데 다시 주지 않게 되면, '맛있는 걸 나한테만 안 주네'라고 생각하여 스트레스가 쌓이게 됩니다. 결국에는 식탁에 뛰어올라 음식을 훔치거나 부엌에서 몰래 먹게 될 수도 있습니다. 새끼 고양이 시절부터 사람의 음식을 주지 않는 것이 가장 좋습니다. 조르더라도 절대로 주지 않도록 합시다. 집요하게 원할 경우에는 사람이 식사를 하는 동안에는 케이지에 넣거나 다른 방에 넣어 두도록 합시다.

병이나 **비만의 원인**이 **되기 때문에 주지 않도록 합시다.**

● 고양이에게 유해한 음식 리스트 ●

음식	이유	음식	이유
파	혈액속의 적혈구를 파괴하고, 빈혈을 일으킵니다. 가열해도 안 됩니다.	간	대량으로 주면 뼈의 변형을 초래하는 비타민A 과잉증에 걸리게 될 우려가 있습니다.
초콜릿	테오브로민이라는 성분이 심장이나 신경계에 부담을 줘서 죽음에 이르는 경우도 있습니다.	생선	대량으로 주면 영양 밸런스가 무너져서 황색지방증에 걸리게 됩니다.
조개류	소화불량으로 설사를 하게 됩니다. 전복 등에 포함된 성분은 피부염의 원인이 되기도 합니다.	오징어·문어	비타민B의 효능을 저해하는 성분이 함유되어 있기 때문에 소화불량을 일으킵니다.
참치캔(사람용)	유분이 너무 많은 한편, 고양이에게 필요한 비타민·미네랄도 부족합니다.	우유·날달걀	우유를 마시면 유당을 소화하지 못해서 설사를 하게 됩니다. 날달걀에는 비타민B를 부수는 성분이 함유되어 있습니다.

Q54

고양이는 왜 뜨거운 것을 못 먹는 걸까?

고양이뿐만이 아니라 동물은 뜨거운 것을 잘 못 먹습니다.

　고양이뿐만이 아니라 동물은 대부분 뜨거운 것을 잘 못 먹습니다. 동물은 인간과 다르게 불을 사용하지 않기 때문에, 본래 뜨거운 것이나 뜨거운 음료를 입에 넣을 일이 없습니다. 그러므로 뜨거운 것을 잘 못 먹는 것은 당연하지요. 고양이의 식욕을 돋우는 최적의 온도는 먹잇감인 쥐나 새의 온도와 같은 30~40도 정도입니다. 즉, 갓 잡은 먹이의 따뜻함이 최고라는 것이지요. 그 온도보다 뜨거우면 고양이는 적극적으로 입을 대려 하지는 않습니다. 참고로, 고양이는 음식의 온도를 혀가 아니라 코로 판단한다고 합니다.

뜨거운 것도 잘 못 먹고
차가운 것도 잘 못 먹습니다.
먹이의 온도와 같은 정도의
온도를 좋아합니다.

냄새를 알 수 없으므로 차가운 것도 싫어합니다.

고양이가 평소에는 통조림에 든 음식을 기뻐하며 먹는데, 냉장고에서 막 꺼낸 것에는 입을 대려고 하지 않았던 적 없습니까? 사실 고양이는 뜨거운 것뿐만이 아니라 너무 차가운 것도 잘 먹지 못합니다. 미각보다도 후각이 발달한 고양이는 음식의 맛을 냄새로 판단합니다. 차가운 음식에는 냄새가 별로 나지 않기 때문에 식욕이 자극되지 않는 것이지요. 시간이 조금 지나 음식이 따뜻해지고 냄새가 나기 시작하면 먹을 것입니다. 냉장고에 보관하고 있던 통조림을 고양이에게 줄 때는 미리 상온에 둔 뒤에, 전자레인지로 가볍게 데워서 주면 좋습니다.

음식은 냄새와 온도가 중요합니다.

Q55

호불호가 심하던데, 이건 고양이의 고집일까?

어린 시절의 식습관이 영향을 끼칩니다.

고양이의 음식 취향은 어린 시절의 식습관으로 결정됩니다. 젖을 뗀 후에 먹은 음식을 '밥'이라고 인식하는 것이지요. 반대로 말하자면, 이 시기에 받아 보지 못한 음식은 그 후에도 좀처럼 받아들이지 못합니다. 예를 들면, 새끼 고양이 시절부터 치킨 맛의 식품만 먹어온 고양이에게 참치 맛이나 소고기 맛의 식품을 주면 먹으려 하지 않습니다. 고양이 중에는 아무거나 잘 먹는 고양이도 있지만, 보통의 고양이는 편식을 합니다. 결코 자기 멋대로 좋아하는 것만 먹는 것이 아니므로, 지금 먹는 식사가 영양적으로 문제가 없다면 억지로 먹이지 않도록 합시다.

식품을 바꿀 경우에는 조금씩 섞어서 줍시다.

영양적으로 밸런스가 잘 잡혀 있는 고양이 전용 식품이라면, 같은 것을 계속 먹여도 문제가 없습니다. 하지만 연령이나 체질 등에 맞춰서 **식품을 바꿀 경우에는 지금까지 먹어 왔던 것에 새로운 식품을 조금씩 섞어서 익숙하게 만드는 것이 좋습니다.** 한꺼번에 갑자기 다 바꿔 버리면 밥을 먹지 않게 될 우려가 있으므로 주의해 주세요. 한편 고양이 밥을 직접 만들어서 먹이고 싶다면, 새끼 고양이 시절부터 다양한 맛에 길들이는 것이 중요합니다. 물론 성묘가 되고 나서도 시중에 파는 식품과 직접 만든 밥을 섞어 가면서 서서히 취향의 폭을 넓혀 가는 것도 가능합니다.

> ## A 고양이는 친숙한 맛을 고집하는 편식가입니다. 새로운 것은 별로 좋아하지 않습니다.

좀처럼 먹지를 않아요.

4

고양이 돌보기

Q56

잡은 파리나 바퀴벌레를 먹는데 괜찮을까?

파리나 바퀴벌레는 병원균을 옮깁니다.

파리나 바퀴벌레 등을 잡아서 노는 것은 그렇다 치더라도 먹는 것은 큰 문제입니다. 파리나 바퀴벌레도 몸 자체에 독이 있는 것은 아니지만 다양한 병원균이나 식중독균을 가지고 있습니다. 예를 들면, 파리는 병원성 대장균 O-157을 옮기고 바퀴벌레는 식중독을 일으키는 살모넬라균이나 전염병인 적리균을 보균하고 있는 경우도 있습니다.

또 파리나 바퀴벌레는 톡소플라즈마증을 일으키는 톡소플라즈마라는 원충을 옮기는데 이는 고양이가 입에 넣으면서 감염됩니다. 저항력이 없는 새끼 고양이가 감염되면 기침, 호흡 곤란, 혈변을 동반한 설사, 발열 등의 급성 증상이 나타나고 중증이 되면 죽음에 이르는 경우도 있습니다. 그러니 가능한 한 입에 넣지 못하게 합시다.

쥐도 먹지 못하게 하는 편이 좋습니다.

외출을 자유롭게 시키는 고양이의 경우, 밖에서 쥐나 작은 새를 잡을 때가 있는데, 이런 것들도 먹지 못하게 하는 것이 좋습니다. 쥐는 파리나 바퀴벌레 못지 않게 많은 세균을 가지고 있으며 쥐의 몸에 붙어 있는 벼룩이나 진드기가 옮기는 병도 적지 않습니다. 새도 톡소플라즈마 등을 옮기는 경우가 있기 때문에 주의가 필요합니다. 고양이가 먹이를 포획한 모습을 발견한다면, 다른 음식을 보여 주거나 해서 주의를 돌린 다음 먹이를 뺏도록 합시다.

A 위생적으로 문제가 있기 때문에, 되도록이면 먹이지 맙시다.

• 특히 먹으면 위험한 먹이 •

파리

거미

바퀴벌레

쥐

고양이의 먹이가 되는 이런 벌레들이나 작은 동물들은 병원균을 옮깁니다. 파리나 바퀴벌레, 쥐는 전염병의 원인이 되는 세균을 가지고 있고, 거미는 병원균을 가진 파리나 바퀴벌레를 먹이로 삼고 있기 때문에 주의해 주세요.

Q57

왜 갑자기 밥을
안 먹게 되는 걸까?

병인지 아닌지를 분별합시다.

먼저 어떠한 병으로 인해 식욕이 떨어진 것을 생각해 볼 수 있습니다. 병일 경우에는 식욕 외에도 힘이 없거나 털의 윤기가 나쁘거나 하는 등 몸이 안 좋다는 신호가 나타날 것입니다. 반려묘의 상태를 잘 관찰해서 병이 의심될 경우에는 동물병원에 데려가도록 합시다. 반면 병에 걸린 것 같은 모습이 보이지 않을 경우에는 단순히 먹고 싶지 않은 것뿐일 수도 있습니다. 그 원인은 여러 가지입니다. 발정기나 무더운 여름 시기에는 일시적으로 식욕이 떨어지게 되고, 음식이나 식기를 새 것으로 바꾸거나 식사 장소를 바꾸는 등 식사 내용이나 환경을 바꿔도 먹지 않게 되는 경우가 종종 있습니다.

하루 종일 먹지 않을 경우에는 주의가 필요합니다.

몸 상태가 나쁜 것도 아니고 환경이 변한 것도 아닌데 좋아하는 음식을 전혀 먹지 않게 되는 경우도 종종 볼 수 있습니다. 고양이는 음식에 대한 집착이 강한데, 자연에서는 늘 같은 먹이가 얻어걸리지는 않기 때문에, 때때로 다른 음식을 바라는 경우도 있습니다. 시험 삼아 다른 식품을 줘 봅시다.

한 끼 정도는 밥을 먹지 않아도 그다지 걱정할 필요는 없지만 새끼 고양이일 경우에는 한나절, 성묘일 경우에는 하루 종일 음식을 받아들이지 않을 경우에는 몸에 어떤 원인이 있을 수 있습니다. 이런 경우 동물병원에 데려가서 자세하게 진찰을 받도록 합시다.

A 병 말고도
여러 가지 이유를
생각할 수 있습니다.

왜 안 먹는 걸까?

전혀 먹질 않네…
혹시 병인가?

어쩌지…

시험 삼아 다른 밥을
쥐 보자…

냥~

다 먹었어!
심지어 더
달라고?

4

고양이 돌보기

139

Q58

물을 별로 안 마시는데 괜찮을까?

고양이는 음식에서 효율적으로 수분을 얻습니다.

동물이 살아가기 위해서는 물이 꼭 필요합니다. 물론 고양이도 예외는 아닙니다. 그러나 고양이는 원래 건조한 사막 지대 출신인 동물이기 때문에, 물을 많이 마시지 않아도 살아갈 수가 있습니다. 고양이의 몸은 몸 안의 적은 수분을 효율적으로 사용해서 응축된 오줌을 내보내는 '사막에 최적화된' 몸입니다. 수분은 주로 먹이로 삼고 있는 작은 동물들의 체내 수분량으로 충당할 수 있게 되어 있습니다. 부족한 만큼을 먹는 것에 포함된 수분으로 보충하므로, 물 그 자체를 마시는 습관은 별로 없습니다. 그러나 주식으로 삼고 있는 전용 식품에 따라서는 수분을 충분히 섭취하지 않으면 병에 걸릴 우려가 있습니다. 습식 타입의 사료에는 수분이 70~80% 함유되어 있기 때문에 문제가 없지만, 건조 타입의 사료에는 수분이 10%밖에 함유되어 있지 않기 때문에 주의가 필요합니다.

• 수분 부족으로 걸리기 쉬운 병 •

병	증상
방광염	세균 감염이 원인으로 방광에 염증이 일어나는 병입니다. 결석에 의한 상처에 세균이 침입해서 일어나는 경우도 있습니다. 오줌을 누고 싶어 빈번히 화장실에 가는데, 적갈색의 오줌이 조금 나올 뿐입니다. 혈뇨가 나오는 경우도 있습니다.
결석	방광 속에 생긴 결정이나 결석이 요도에 막혀서 오줌이 나오지 않게 되는 병입니다. 빈번히 화장실에 가도 오줌이 나오지 않고, 방치해 두면 요독증이 되어 죽음에 이르는 경우도 있습니다. 요도가 좁고 긴 수컷은 특히 주의가 필요합니다.

A 식사 내용에 따라서는 물을 마시지 않으면 병에 걸리기 쉬워질 수도 있습니다.

건조 타입의 사료를 먹일 시에는 충분한 주의가 필요

건조 타입의 고양이 전용 사료를 중심으로 먹이고 있는 경우에는 물을 마시는 양이 적으면 요로결석, 방광염, 신부전 등의 비뇨기계의 병에 걸릴 위험성이 높아집니다. 고양이가 물을 마시고 싶어 하지 않을 때는 억지로 마시게 하지 말고, 식사로 수분을 섭취할 수 있도록 해 줍시다. 앞에서 서술했듯이 습식 타입의 사료는 수분 함유량이 높기 때문에, 사료를 바꿔 보는 것도 한 방법입니다. 또 삶은 채소를 드라이 푸드에 섞거나, 마른 멸치나 잡어로 국물을 내서 국물을 부어주는 것도 추천합니다. 물 대신에 우유를 줄 경우에는 반드시 고양이용 우유를 사용합니다. 우유를 줄 때는 유당을 소화하지 못해서 설사를 누게 될 수도 있기 때문에 주의합시다.

수분을 너무 많이 섭취하지 않도록 주의!

앞에서는 수분을 섭취하지 않으면 걸리는 병을 소개했는데, 사실 수분을 너무 많이 섭취하는 경우에도 병이 숨어 있을 가능성이 있습니다. 반려묘가 얼마나 수분을 섭취하는지 주의가 필요합니다.

수분을 다량으로 섭취하는 것은 병이라는 신호

원래 수분을 그다지 섭취하지 않는 동물인 고양이가 수분을 빈번하게 마시는 경우에는 병의 신호라고 생각하는 것이 좋습니다. 제일 먼저 의심할 수 있는 것이 신장병입니다. 신장의 기능이 떨어지면 옅은 색의 오줌이 대량으로 배출되며, 이때 고양이는 물을 많이 마시게 됩니다. 노묘가 되면 물을 마시는 양이 늘어나는데, 이것도 노화에 의해 신장의 기능이 저하된 것이 원인입니다. 이 밖에 당뇨병이나 자궁축농증 등이 원인일 가능성도 있습니다. 물을 빈번하게 마시는 것뿐만이 아니라, 오줌의 양이나 횟수, 식사량, 체중 등에 변화가 보일 경우에는 곧바로 동물병원으로 데려가도록 합시다.

● 수분을 너무 많이 섭취했을 경우에 의심되는 병 ●

논렘수면	증상
당뇨병	혈액 속의 당을 세포로 거두어들이는 역할을 하는 인슐린이 부족하여 일어나는 병입니다. 당을 배출하기 때문에 오줌의 양이 늘어나서 물을 대량으로 마시게 됩니다.
만성 신부전	신장의 기능이 저하되어 있는 상태로, 수분을 재흡수할 수 없기 때문에 대량의 오줌이 배출되며 물을 빈번하게 마시게 됩니다. 병이 진행되면 독소를 배출할 수 없게 되어 요독증이 같이 발생합니다. 완치가 힘든 병입니다.
자궁축농증	자궁에 세균이 들어가 염증을 일으켜 고름이 쌓이는 병입니다. 배를 만지면 멍울을 확인할 수 있습니다. 물을 마시는 양과 화장실에 가는 횟수가 늘어나며, 식욕이 없어지고 구토나 발열 등의 증상이 나타납니다.

고양이가 비뇨기계의 병에 걸리기 쉬운 이유

고양이는 몸 안의 수분을 효율적으로 사용하기 때문에 진한 오줌을 내보냅니다. 이 때문에 신장에 큰 부담이 가서 신장병에 걸리기 쉬운 부정적인 측면이 있습니다. 정도의 차이는 있겠지만, 6세 이상의 고양이 대부분이 만성 신부전을 앓고 있다고도 합니다. 물을 많이 마시고 오줌을 많이 누는 것 외에는 증상이 잘 나타나지 않기 때문에 정기적으로 건강진단을 받아서 조기 발견에 힘쓰는 것이 중요합니다. 또 고양이는 오줌이 진한만큼 그 속에 함유된 마그네슘 같은 것들이 결정화되기 쉬워서 요로결석, 방광염 등 요도나 방광에 병이 자주 생깁니다. 특히 수컷은 요도가 좁고 긴 구조상, 비뇨기계의 병에 걸리기 쉽기 때문에 주의가 필요합니다.

고양이의 오줌은 건강 상태를 알려 주는 바로미터

오줌의 양이나 횟수, 상태 등이 평소와 다른 경우에는 비뇨기계의 병이 의심됩니다. 오줌이 나오지 않거나 양이 많거나 적거나, 색이나 냄새가 이상하거나 화장실에 빈번히 가거나 배변 시에 고통스러워한다던가 하는 모습들이 보이면 즉시 동물병원으로 데려갑시다. 오줌의 양이나 횟수 등은 고양이에 따라 개체차가 있기 때문에, 평소에 반려묘의 배변 상태를 확인해서 건강할 때의 상태를 파악해 두는 것이 중요합니다. 오줌이 가르쳐 주는 병의 신호를 놓치지 않도록 합시다.

Q59

고양이는 무엇을 위해 몸단장을 하는 걸까?

밀집된 털이 피부를 지킵니다.

고양이의 털을 잘 보면, 하나의 모공에서 하나의 길고 굵은 털(주모)과 그것보다 짧고 얇은 여러 개의 털(부모)이 밀집되어 나 있는 것을 알 수 있습니다. 긴 주모에는 물을 튕겨 내고 자외선을 막는 기능이 있습니다. 한편, 얇고 부드러운 부모는 약간 곱슬곱슬해서 털 사이에 많은 공기를 품을 수 있기 때문에 보온 효과가 뛰어나며, 더울 때는 밖에서 들어오는 열을 막는 단열재 역할을 합니다. 고양이는 이 밀집된 털로 비, 자외선, 추위, 더위 등 바깥의 다양한 자극으로부터 피부를 보호합니다.

• 털의 구조 •

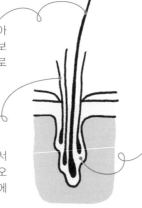

주모
물을 튕겨 내고 자외선을 막아서 비나 햇볕으로부터 피부를 보호합니다. 털색은 주모의 색으로 정해집니다.

부모
털 사이에 많은 공기를 품어서 더울 때는 바깥으로부터 들어오는 열을 막는 단열재, 추울 때에는 보온재의 기능을 합니다.

하나의 모공에서 10개 이상의 털이 난다
하나의 주모와 다수의 부모가 밀집되어 나기 때문에 푹신푹신하며 바깥으로부터의 충격을 어느 정도 완화시킵니다.

A 털을 청결하게 유지하는 한편, 체온을 조절하는 역할 등이 있습니다.

몸단장은 고양이가 살아가기 위해 꼭 필요합니다.

고양이는 틈만 나면 몸단장을 하는데, 그 최대의 목적은 물론 털을 청결하게 하기 위함입니다. 혀로 빠진 털이나 티끌을 제거하면서 앞서 말한 털의 기능을 유지하는 것입니다. 또 사냥에 대비해서 온몸의 감각을 갈고 닦아 두거나, 먹잇감에게 들키지 않도록 몸을 핥아서 냄새를 지우는 의미도 있습니다. 한편, 몸단장은 피부 마사지가 되기도 하며 흥분을 진정시키고 기분을 가라앉히는 효과도 있습니다. 더울 때는 몸을 핥아서 털을 촉촉하게 만들어 털의 기화열로 체온을 내리기도 합니다. 이렇듯 몸단장은 고양이가 살아가는 데 있어서 꼭 필요한 것입니다.

───── **고양이의 몸단장에는 순서가 있습니다.** ─────

❶ 얼굴 주위

앞다리 안쪽을 핥아서 촉촉하게 만든 뒤, 귀에서 얼굴에 걸쳐 문지릅니다.

❷ 몸 주변

앞다리와 어깨, 옆구리를 핥은 뒤, 몸을 꼬아서 등의 털도 핥습니다.

❸ 엉덩이 주위

뒷다리를 들어 생식기와 항문을 핥고 허리, 뒷다리, 꼬리도 핥습니다.

4

고양이 돌보기

Q60

스스로 몸단장을 하니까 브러싱은 필요 없지 않을까?

단모종은 주 1회, 장모종은 매일 브러싱을

고양이의 몸이 아무리 유연하더라도 목 뒤나 귀 뒤, 다리 뒤 등 고양이의 혀가 닿지 않는 곳이 꽤 있습니다. 이러한 부분은 고양이 스스로는 충분한 관리가 안 되기 때문에 주인이 도와줄 필요가 있습니다. 특히 장모종은 털이 엉켜서 털 뭉치가 생기기 쉽기 때문에, 아름다운 털을 유지하기 위해서는 관리가 꼭 필요합니다. 새끼 고양이일 때부터 매일 브러싱을 해서 적응시켜 둡시다. 단모종도 건강 체크와 스킨십을 겸해서 주1~2회는 브러싱을 합시다. 봄과 가을의 털갈이 시기에는 털이 많이 빠지기 때문에 틈틈이 관리를 해 줍시다.

삼킨 털이 배출되지 않으면 병이 됩니다.

몸단장을 할 때 고양이가 삼킨 털은 보통 어느 정도 쌓이면 토해 내거나, 대변과 함께 배출됩니다. 이것이 잘 배출되지 않으면 위나 장 속에서 털 뭉치처럼 굳어지는 '모구증(헤어볼)'이 생길 수도 있습니다. 변비, 설사, 구역질, 식욕 부진 등의 증상이 나타나 수술이 필요하게 되는 경우도 있으니 예방을 합시다. 모구증을 예방하기 위해서는 브러싱이 제일입니다. 고양이가 핥기 전에 주인이 빠진 털을 제거해 두면 그만큼 삼키는 양이 적어집니다. 또 최근에는 섬유질이 많이 함유된 털 뭉치 케어용 고양이 전용 식품이 판매되고 있으니, 이용하는 것도 좋을 것입니다.

A 셀프 그루밍만으로는
불안합니다. 정기적으로
브러싱을 합시다.

● 간단히 할 수 있는 브러싱 방법 ●

❶

빗으로 등에서부터 빗어 준다

빗을 사용해서 털이 난 방향을 따라 등에서
엉덩이 쪽으로 빗습니다. 빗을 너무 세게 대
지 않도록 힘 조절에 신경을 씁시다.

❷

몸의 구석구석을 빗어 준다

가슴, 배, 목, 엉덩이, 다리가 붙어 있는 부분,
귀 뒤 등도 빗어 줍니다. 겨드랑이 밑은 털
뭉치가 생기기 쉬운 곳이므로 정성스레 빗
어 줍니다.

❸

고무 브러시로 마무리한다

고무 브러시로 빗으면서 빠진 털을 제거합
니다. 빠진 털을 그대로 두면 고양이가 핥아
서 삼키게 되기 때문에 주의합시다.

Point

털 뭉치는 털끝에서 풀어 준다

엉켜서 털 뭉치가 된 부분을 억
지로 빗으려고 하면 피부를 당겨
서 고통을 주게 됩니다. 그러니
털뿌리를 잡은 뒤, 털끝부터 조
금씩 풀어 줍니다.

4

고양이 돌보기

147

Q61

왜 목욕하는 걸 싫어하는 걸까?

사막 출신이라서 물을 싫어한다?!

목욕할 때마다 고양이가 엄청 난리를 쳐서 힘들었던 경험이 있는 주인들이 적지 않을 겁니다. 하지만 고양이가 목욕을 싫어하는 데는 나름대로 이유가 있습니다. 고양이의 직접적인 선조는 북아프리카의 사막 지대에 살던 리비아 고양이입니다. 물이 적은 사막에서는 애당초 물에 잠길 기회가 없었습니다. 게다가 몸에 있는 때는 모래 위에서 뒹굴러 없애면 그만이었기 때문에, 고양이가 물을 싫어하는 것도 당연합니다. 하지만 그렇다고 해서 고양이가 헤엄을 못 친다는 것은 아닙니다. 터키시반이라는 터키의 반 호수 주변이 원산지인 고양이는 헤엄을 잘 친다고 합니다. 당신의 반려묘도 '고양이 헤엄'으로 헤엄을 잘 칠 수도 있습니다.

장모종은 목욕이 필수

고양이 털의 종류에 따라 다르지만 실내에서 키우는 단모종의 경우에는 브러싱을 하면 기본적으로 목욕은 불필요합니다. 때가 심할 때만 씻겨도 괜찮습니다. 반면, 장모종은 한 달에 한 번 정도는 목욕을 하는 것이 좋습니다. 다만 빈번하게 씻으면 피부의 유분이 빠져서 오히려 피부 트러블의 원인이 되기 때문에 주의가 필요합니다.

A 고양이는 물을 아주 꺼려하기 때문입니다.

스트레스가 되지 않도록 능숙하게 씻겨 줍시다.

목욕을 싫어하게 되지 않도록, 생후 2~3개월 정도부터 서서히 익숙하게 만드는 것이 좋습니다. 고양이의 스트레스를 최소한으로 하기 위해, 능숙하게 씻기는 것이 중요합니다. 다 씻겼으면 타월로 덮듯이 닦은 뒤, 드라이어로 완전히 말립시다.

※ 고양이 돌보기

• 목욕을 잘 시키는 방법 •

①
샤워기의 따뜻한 물로 맨살까지 적신다

브러싱을 해서 빠진 털을 제거한 후, 30도 정도의 미지근한 물을 엉덩이부터 서서히 뿌린 뒤 털뿌리까지 확실하게 적셔 줍니다.

②
샴푸 거품을 내서 주무르듯이 하며 씻긴다

고양이용 샴푸를 손바닥에서 거품을 낸 뒤, 털이 뭉치지 않도록 주무르듯이 하며 부드럽게 씻겨 줍니다. 겨드랑이 밑이나 발가락 사이 같은 곳은 정성스럽게 씻겨 줍시다.

③
털 안쪽까지 확실하게 헹구어 준다

샤워기의 노즐을 몸에 갖다 댄 뒤, 잔거품이 없도록 털 안쪽까지 확실하게 헹구어 줍니다. 샴푸 거품이 남기 쉬운 배나 꼬리는 마지막에 헹구어 줍니다.

Q62

고양이에게 양치가 필요할까?

고양이에게 의외로 많은 치주병

　고양이에게 가장 많이 보이는 입 속의 병은 우리 인간들에게도 익숙한 치주병입니다. 잇몸이나 이빨을 지탱하는 치근막, 치조골에 염증이 일어나는 병으로 치구나 치석이 원인이 됩니다. 치구란 이빨의 표면에 붙은 음식물 찌꺼기에 세균이 번식한 것입니다. 치구에 침 속에 있는 칼슘이나 인이 붙으면 치석이 되고, 이 치구나 치석 속 세균이 치주병을 일으키는 것입니다. 잇몸이 빨갛게 부어올라 출혈이 생기기 쉬워지며, 구취가 심해지고 침이 많아지는 한편, 다양한 병의 원인이 되기도 하는 무서운 병입니다. 주 1~2회는 양치로 치구를 제거해서 치주병을 예방합시다.

● 쉽게 할 수 있는 양치 방법 ●

❶

뒤에서 머리를 누르고 입을 벌린다

양손으로 뒤에서 얼굴을 감싸듯이 누른 뒤, 손가락으로 입술을 가볍게 젖힙니다. 입 주위는 민감하기 때문에 서서히 익숙해지게 만듭시다.

❷

거즈로 이빨 표면의 오물을 제거한다

거즈를 손가락에 감은 뒤, 고양이용 양치액(치약)을 발라서 입 속에 넣습니다. 잇몸을 중심으로, 이빨의 표면을 닦아내듯이 문지르면서 오물을 제거합니다.

치주병 예방을 위해
주 1~2회는 고양이의
이빨 관리를 합시다.

치주병이 일으키는 병

병	증상
구내염	구내염은 대표적인 고양이 치주 질환입니다. 침을 흘리거나 밥을 제대로 먹지 못한다면 입 안을 확인해 봅시다. 입안에 치석이 쌓여서 염증을 생긴 것일 수도 있고, 체내 면역 시스템에 문제가 생겨서 증상이 나타난 것일 수도 있습니다. 입 안, 잇몸, 혓바닥 등 다양한 곳에 염증이 생길 수도 있습니다.
치아흡수병변	이빨이 뽑히는 것이 아니라 이빨의 일부분이 녹아서 흡수되는 질병입니다. 고양이들에게 흔히 나타나는 질병이지만, 원인이 명확하게 밝혀져 있지 않습니다. 밥을 씹지 않고 삼키거나 입 주위를 만지는 것을 싫어하고, 잇몸에 붉은 반점이 보인다면 이 병을 의심할 수 있습니다. 이 병은 이빨의 일부가 부러져서 뽑힌 것처럼 보이지만, 그 속에는 치아 뿌리가 남아있을 수도 있어 그렇게 되면 다른 치아에도 문제가 생길 수도 있기 때문에 발치를 진행하기도 합니다.
전신성 질환	치주병균이나 독소가 혈액 속으로 들어가 전신을 돌아 심장, 신장, 간장 등의 질환을 일으키는 경우가 있습니다. 암모니아가 분해된 것 같은 냄새가 나지는 않는지 입 냄새도 확인해서 조기에 발견하는 것이 중요합니다.

필요하다면 동물병원에서 치석 제거를 받읍시다.

고양이 침의 질이나 먹는 음식에 따라서도 다르겠지만, 일반적으로 건조 타입의 사료보다는 습식 타입의 사료를 먹을 때가 치구가 더 붙기 쉽기 때문에 주의가 필요합니다. 틈틈이 치구를 제거함으로써 치석이 덜 생기게 할 수는 있지만, 가정에서의 케어로는 한계가 있습니다. 치석은 상당히 딱딱해서 한 번 생기면 양치 정도로는 제거할 수 없습니다. 필요한 경우에는 동물병원에서 치석 제거를 받읍시다. 그때는 전신마취를 필요로 하기 때문에 수의사와 상담하세요.

Q63

엉덩이에서 냄새가 나는 것은 왜일까?

고양이의 엉덩이에는 냄새 주머니가 있습니다.

고양이의 항문 조금 밑의 좌우에는 '항문낭'이라고 불리는 주머니 모양의 기관이 있습니다. 항문샘이라고 하는 분비샘에서 만들어진, 냄새가 강한 분비액이 이곳에 모이는데, 배변 시에 배출됩니다. 항문낭은 항문 괄약근과 연결되어 있어서 항문을 꽉 오므리면 주머니가 압박되어 분비액이 배출되는 구조입니다(설사나 무른 대변을 쌀 때는 배출되지 않습니다). 또 고양이가 놀라거나 긴장·흥분했을 때도 항문낭에서 분비액이 배출됩니다.

● 이런 신호를 보면 주의합시다. ●

끊임없이 엉덩이나 꼬리를 핥거나, 앉은 자세로 엉덩이를 바닥이나 땅에 비비거나, 꼬리를 쫓거나 물거나, 항문 주위가 부어 있거나 혹은 배변 시에 아파하는 모습들이 보인다면 항문낭염이 의심됩니다. 동물병원에서 진찰을 받아 봅시다.

항문낭에 분비액이 쌓였을 수도···.

분비액이 쌓였다면 짜 줍시다.

분비액이 제대로 배출됐을 경우에는 특별한 케어가 필요 없습니다. 하지만 그 중에는 분비액이 잘 쌓이는 고양이도 있습니다. 또 어떠한 원인으로 인해 항문낭의 개구부가 막히게 된 경우도 있습니다. 이를 방치해 두면 세균에 감염되어서 염증이나 화농을 일으키는 항문낭염에 걸릴 우려가 있기 때문에, 정기적으로 엉덩이를 확인해서 분비액이 쌓여 있다면 짜 줍시다. 동물병원에서 짜 주기도 합니다.

또 항문낭염은 가려움이나 고통을 동반하기 때문에, 고양이는 끊임없이 엉덩이를 핥거나 엉덩이를 바닥이나 땅에 비빕니다. 이러한 행동이 보이면 동물병원으로 데려가서 분비액을 짜고 치료를 받도록 합시다.

• 항문낭 짜는 방법 •

항문낭

①

항문낭의 개구부의 위치를 확인한다
한 손으로 꼬리를 들어 올린 뒤, 또 다른 한 손에는 티슈 등을 준비합니다. 항문의 좌우에 있는 작은 구멍이 항문낭의 개구부입니다. 가능하다면 고양이의 목을 누군가가 잡아 주는 것이 좋습니다.

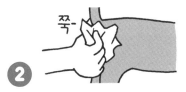

쭉-

②

항문낭을 누르듯이 짠다
검지손가락과 엄지손가락으로 개구부 주위를 감싼 뒤, 항문낭을 주머니째로 잡고 누르듯이 해서 몇 번 정도 짜 줍니다. 분비액이 나오면 티슈 같은 것으로 깨끗하게 닦아내 줍니다.

고양이 돌보기

4

Q64

고양이는 더운 것과 추운 것 중 어느 쪽을 더 꺼려 할까?

고양이는 사막 출신이라서 추위에 약하다?!

겨울이 되면 고양이는 몸에 지방을 축적하고, 보온성이 뛰어나고 포근한 겨울 털을 몸에 두릅니다. 이것으로 방한 대책은 완벽할 것 같지만, 우리가 보일러를 키고 이불을 덮은 상태에서 나오지 않을 때가 많듯이, 고양이는 추위에 약합니다. 이것은 고양이의 선조인 리비아 고양이가 사막에서 살았기 때문이라고 알려져 있습니다. 한편, 사막 출신이기 때문에 더위에는 비교적 강하다고 알려져 있지만 고온 다습한 여름은 예외입니다. 고양이는 습도에도 아주 약합니다. 사막은 건조하기 때문에 당연하다면 당연한 것일 수도 있겠네요.

여름철과 겨울철의 온도 및 습도 관리에 신경을 써야 합니다.

고양이가 편안함을 느끼는 상태는 우리 사람들과 마찬가지로 너무 덥지도, 너무 춥지도 않은 상태입니다. 고양이는 쾌적한 장소를 잘 발견하지만, 실내에서 키울 경우에는 공간이 한정되어 있기 때문에 주인이 온도와 습도 관리를 해 줄 필요가 있습니다. 여름철의 꽉 닫힌 방은 한증막 상태가 되기 때문에 고양이만 두고 집을 나가야 할 때도 에어컨으로 온도와 습도를 조절해 줍시다. 또 너무 추워졌을 때는 복도나 다른 방으로 이동할 수 있도록 해 두는 것이 중요합니다. 겨울철에는 보온 주머니나 펫 히터 등을 준비해 두면 온풍기가 없어도 괜찮습니다. 하지만 공기가 건조해지면 고양이도 몸 상태가 안 좋아지기 때문에 습도는 50~60%로 유지하도록 합시다.

A

추위에도 약하고 고온 다습한 여름에도 약합니다.

• 고양이의 털의 변화 •

털갈이 시기는 연 2회

연 2회. 털갈이 시기인 봄과 가을은 털이 다시 나는 시기이기 때문에 이 시기에는 털이 대량으로 빠집니다. 그러나 요즘 실내에서 키우는 고양이에게는 명확한 털갈이 시기가 없어서 1년 내내 털이 빠지는 것을 볼 수 있습니다.

지방을 축적한다

겨울이 되면, 고양이는 추위에 대비해서 몸에 지방을 축적합니다. 난방이 잘 드는 방에서 사는 집고양이의 경우에는 살이 너무 찌지 않도록 식사 관리나 운동이 필요합니다.

깔끔

살 쪘나?

폭신폭신

여름털

봄에서 초여름에 걸쳐 겨울털이 빠지고 여름털이 납니다. 겨울과 비교했을 때 털의 밀도가 낮아집니다.

겨울털

가늘고 부드러운 폭신한 털이 밀집되어 나서 보온성이 좋아집니다.

4

고양이 돌보기

155

Q65

고양이에게 발톱을 깎는 일이 필요할까?

고양이가 자랑하는 무기는 사람에게는 성가신 존재

고양이의 발톱은 얇은 층 형태로 되어 있는 것이 특징입니다. 고양이는 매일 부지런히 발톱을 갈면서 바깥쪽의 오래된 발톱을 벗겨 내고, 그 밑에 있는 새롭고 날카로운 발톱을 드러냅니다. 고양이에게 발톱은 사냥할 때의 중요한 무기이기 때문에 이렇게 항상 날카로운 상태를 유지해 둘 필요가 있습니다. 하지만 고양이와 사람이 함께 생활하는 데는 이 날카로움이 성가신 존재입니다. 가구나 소파에 발톱을 갈아서 너덜너덜해진 경험이 있는 분들도 많을 것입니다. 또 고양이를 안았을 때 발톱이 옷에 걸리거나 아차 하는 순간에 손이나 팔을 할퀴는 경우도 있습니다.

• 발톱의 구조 •

발톱
끝이 날카롭고 뾰족하며, 굽은 갈고리 모양의 형태를 하고 있습니다. 여러 개의 얇은 층으로 구성되어 있는 것이 특징이며, 가장 바깥쪽 발톱이 가장 오래되었고 그 밑에 새로운 발톱이 여러 개 겹쳐져 있는 형태입니다.

혈관

Point

발톱을 깎을 때의 포인트
끝의 뾰족한 부분만을 자릅니다. 발톱 속에는 혈관과 신경이 있기 때문에, 너무 많이 지르지 않도록 주의합시다.

A 사람과 고양이가 함께 살기 위해서는 꼭 필요합니다.

정기적으로 발톱을 잘라 줍시다.

인간을 위해서이기는 하지만, 실내에서 사는 고양이의 경우에는 발톱을 깎는 것이 꼭 필요합니다. 새끼 고양이 시절부터 발톱 깎는 것을 익숙하게 만들어서 정기적으로 해 줍시다. 성묘의 경우에는 평소에 다리나 발바닥을 만지면서 서서히 적응시키면 됩니다. 한사코 싫어할 때에는 **고양이를 세탁망이나 쿠션커버 같은 데 넣고, 손만 주머니의 입구로 꺼내서 발톱을 깎는 것**을 추천합니다. 발톱깎이가 보이지 않기 때문에 공포심이 줄어들어서 차분하게 자를 수 있습니다. 또 노묘가 되면 발톱이 그다지 길어지지 않는데, 주인이 별로 신경을 쓰지 않다가 발톱이 너무 길어져서 발바닥이나 발가락으로 파고드는 경우도 있습니다. 그러므로 주인의 부지런한 케어가 필요합니다.

◆ 간단하게 발톱 깎는 법 ◆

① 무릎 위에서 안아 준다
펫용 발톱깎이를 사용합니다. 고양이를 무릎 위에 올리고, 뒤에서 끌어안듯이 해서 발톱을 자를 발을 고정합니다.

② 발가락 끝을 눌러서 발톱을 꺼낸다
고양이의 발가락이 달린 부분과 발바닥을 살짝 누르면 발톱이 나옵니다. 강하게 누르면 싫어하므로 조심합시다.

③ 발톱 끝만 자른다
하얗고 투명한 발톱 끝을 2~3mm 자릅니다. 너무 많이 자르면 출혈과 고통을 느껴서 발톱 깎는 것을 싫어하게 되기 때문에 주의가 필요합니다.

Q66

귀 청소는 매일 하는 것이 좋을까?

귀 안쪽까지 청소하는 것은 피합시다.

건강한 고양이의 귀는 거의 더러워지지 않기 때문에, 월 2~3회 정도 건강 체크를 겸해서 간단한 관리만 해 주면 충분합니다. 귀 속을 확인해서 특별한 이상이나 오물(귀지)이 없으면 문제가 없습니다. 귓바퀴에 귀지가 묻어 있다면 부드럽게 닦아내 줍시다. 고양이의 이도(耳道)는 상처를 입기가 쉽기 때문에, 안쪽까지 청소를 하는 것은 피하는 것이 좋습니다. 이도 안쪽에 귀지가 보일 경우에는 동물병원에서 조치를 받으세요. 또 고양이 중에는 체질적으로 귀지가 잘 나오는 고양이도 있습니다. 이 경우에는 수의사에게 청소 방법을 배워서 틈틈이 관리를 해 줍시다.

• 귀의 구조 •

내이
평형감각을 관장하는 전정 기관과 청각을 관장하는 달팽이관이 있습니다. 평형감각과 소리를 중추로 전달합니다.

중이
고막 안쪽에 있으며, 고막의 진동을 내이로 전달하는 역할을 합니다. 이곳에서 염증이 일어나게 되면 중이염이 됩니다.

귓바퀴

수직이도

수평이도

외이
소리를 모으기 위한 귓바퀴와 모인 소리가 지나는 이도의 통칭입니다. 이도는 ㄴ자 형태로 되어 있으며, 그 앞에 고막이 있습니다.

월 2~3회, 간단한 관리면 충분합니다.

● 간단하게 귀를 관리하는 방법 ●

로션

①

티슈를 손가락에 두른 뒤 로션을 바른다

미리 손톱을 짧게 잘라 둔 검지 손가락에 티슈를 두른 뒤, 귀청 소 전용 로션을 바릅니다.

②

귀에 손가락을 넣어서 오물을 닦아낸다

검지손가락을 귀에 넣어서 귀지 를 가볍게 닦아 냅니다. 손가락 을 넣는 것은 첫 번째 관절 정도 까지를 기준으로 합시다.

③

귀 주위를 닦는다

귓바퀴를 가볍게 당겨서 귀의 안쪽을 보이기 쉽게 한 뒤 닦는 것이 비결입니다. 귀 주위는 다 소 울퉁불퉁하기 때문에 손가락 끝으로 부드럽게 닦습니다.

병의 신호를 놓치지 맙시다.

정기적인 관리는 귓병의 조기 발견을 위해서도 중요합니다. 귀지가 많이 보일 경우에는 이비염이나 귀 진드기 같은 것을 의심할 수 있습니다. 이비염일 경우 에는 냄새가 강하고 습한 귀지, 귀 진드기일 경우에는 까맣고 건조한 귀지가 나 오는 것이 특징입니다. 이 밖에 귀에서 고름이 나오거나, 이도가 빨갛게 부었거 나, 냄새가 나거나, 뒷다리로 귀를 끊임없이 긁거나 가구나 기둥에 귀를 문지르 거나, 반복해서 머리를 흔드는 것도 병의 신호입니다. 중이염이나 귀 진드기를 그대로 두면 청각 장애로 이어질 수도 있습니다. 평소와 다른 모습이 보인다면 바로 동물병원으로 데려가도록 합시다.

Q67

예방접종은 맞게
하는 것이 좋을까?

반려묘를 지키기 위해 연 1회는 반드시 접종을 합시다.

　고양이가 걸리는 전염병 중에는 백신 접종을 통해 예방할 수 있는 것들도 있습니다. 일반적인 백신은 고양이 바이러스성 비기관염, 고양이 칼리시 바이러스 전염증, 고양이 범백혈구 감소증을 막는 3종 종합 백신입니다. 새끼 고양이는 보통 초유를 통해 어미 고양이로부터 항체를 받기 때문에 그 효과가 옅어지는 생후 50일이 지날 때 첫 번째, 그로부터 3~4주 뒤에 백신을 접종시키면 됩니다. 그 이후에는 매년 1회씩 접종시킵니다. '우리 집 고양이는 실내에서 키우니까 괜찮아'라고 생각하는 것은 위험합니다. 동물병원에 갔을 때 감염되거나 주인이 밖에서 다른 고양이를 만진 뒤에 병원체를 가지고 오게 될 가능성도 결코 없지 않습니다. 이런 병들은 전염성이 강하고 목숨과 관계될 수도 있습니다. 반려묘의 건강을 지키기 위해 실내에서 키우는 경우에도 매년 반드시 백신 접종을 받도록 합시다.

건강진단도 함께 받읍시다.

　연 1회의 백신 접종 때 건강진단도 함께 받아 두면 좋습니다. 동물병원에 가는 것은 대개 병에 걸렸을 때입니다. 하지만 병의 조기 발견 · 조기 치료를 위해서는 건강할 때 상태를 파악해 두는 것이 중요합니다. 병원에 따라서는 CT 스캔이나 초음파 검사 등의 정밀 검사를 받을 수도 있으므로 활용하는 것도 좋을 것입니다.

실내에서 키우더라도
어디에서 감염될지 모르기
때문에 꼭 필요합니다.

● 예방접종으로 막을 수 있는 병 ●

3종 혼합 백신

병	증상
고양이 바이러스 성 비기관염	고양이 헤르페스 바이러스에 의한 감염증입니다. 재채기, 콧물, 기침, 결막염 등의 전형적인 감기 같은 증상이 나옵니다. 40도 이상의 열이 날 때도 있어 서 새끼 고양이나 노묘는 생명에 지장이 있을 수도 있습니다.
고양이 칼리시 바이러스 감염증	고양이 칼리시 바이러스에 의한 감염증입니다. 재채기, 콧물, 눈곱, 발열 등 이 보이는 한편, 입 속에 궤양(구내염)이 생기는 것이 특징입니다. 호흡 곤란 이나 급성 폐렴을 일으키는 경우도 있습니다.
고양이 범백혈구 감소증	고양이 파보 바이러스가 병원체입니다. 감염력이 강하고 사망률이 높은 병 입니다. 심한 구토, 설사, 발열에 의한 탈수 증상을 일으키는 한편, 백혈구가 감소해서 저항력이 약해져 다른 병이 발생하기 쉬워집니다.

5종 혼합 백신(상기 3종 + 이하 2종)

병	증상
고양이 클라미디아 감염증	클라미디아가 눈이나 코, 입으로 침투해서 점막에 염증을 일으키는 병입니 다. 심한 결막염 외에 재채기, 콧물, 기침 등의 증상도 보입니다. 호흡기의 염증이 심해지면 폐렴을 일으키는 경우도 있습니다.
고양이 백혈병 바이러스 감염증	잠복 기간이 몇 주부터 몇 년까지 긴 것이 특징입니다. 발증 후에는 백혈 병, 림프종, 신경 증상 등을 일으켜 죽음에 이르는 경우도 있습니다. 또 백 혈구가 감소하고 저항력이 약해져서 다양한 병이 발생하기 쉬워집니다.

Q68

지금까지는 잘했는데, 왜 화장실 외의 장소에서 배변을 하게 된 걸까?

먼저 비뇨기계의 병을 의심해 봅시다.

갑자기 오줌을 지리게 된 경우, 가장 먼저 의심해 볼 만한 것이 병입니다. 143p에서 봤듯이, 고양이는 비뇨기계의 병에 걸리기 쉬운 동물입니다. 병에 따라서는 화장실에 제때 가지 못하거나 배변 시의 고통과 화장실을 연관 짓게 되어서 화장실에 가는 것을 싫어하게 됐을 가능성도 있습니다. 먼저 배변물이나 배변 시의 상태를 확인해서 이상이 보이면 동물병원으로 데려갑시다.

• 병 때문에 오줌을 지리게 되는 경우가 있습니다. •

얼마 안 남았는데 나와 버렸네…

A 병 외에도, 화장실의 환경이나 스트레스가 원인일 가능성도….

원인을 찾아 적절한 조치를

병이 아닐 경우에는 화장실 환경이 문제일 수도 있습니다. 혹시 최근에 화장실의 설치 장소나 용기, 모래 등을 바꾸지는 않았나요? 고양이는 고집이 강해서 이러한 것들을 바꾸면 사용하지 않게 될 때가 있습니다. 이 경우에는 원래대로 되돌리면 오줌을 지리지 않게 될 것입니다. 그리고 고양이는 깨끗한 것을 좋아하기 때문에, 화장실은 더러워도 안 됩니다. 틈틈이 청소를 해 주세요. 이 외에도 배변 중에 큰소리가 났거나 물건이 떨어졌다든가 하는 등 안 좋은 경험을 해서 화장실을 피하게 됐을 가능성도 있습니다. 이 경우에는 화장실의 장소를 바꾸면 해결되는 경우가 많습니다.

위에 해당하지 않는다면 어떠한 불안이나 스트레스가 원인인 경우도 있습니다. 이사를 했거나 방의 무늬를 바꿨거나 새로운 고양이나 강아지를 키우기 시작했다든가 하는 환경의 변화가 없었는지 되돌아봅시다.

● 다양한 스트레스가 있습니다. ●

주인이 관심을
가져 주지 않는다

이사를 했다

손님이 많다 ·
가족이 늘었다

163

고양이의 화장실 상태를 Check!

지금까지는 잘 하던 배변을 못하게 된 데는
화장실 환경에 문제가 있을 가능성도 있습니다.
화장실 상태를 확인해 봅시다.

☐ 화장실은 깨끗하게 해 두었습니까?

화장실이 더러우니까
다른 곳에 눠야지.

화장실 청소는 틈틈이 합시다

화장실 청소를 게을리하지는 않았습니까?
고양이는 깨끗한 것을 좋아하기 때문에
'화장실이 더러워'라고 생각하면 거기에서
배변을 하지 않게 됩니다. 그러므로 화장
실 모래를 교체하거나 배설물을 곧바로 치
우는 등 틈틈이 청소를 해서 화장실을 청
결하게 유지하도록 합시다.

☐ 최근 화장실에서 고양이에게
안 좋은 일이 일어나지는 않았습니까?

쿵!

캭!

이제 그 화장실에는
안 들어갈 거야.

**새로운 화장실로 바꾸는 등
장소를 바꿔 봅시다**

고양이가 배변하는 동안에 큰 천둥소리가
났거나 해서 공포를 느낄 만한 일이 일어
나면, 그 기억이 남아서 화장실을 싫어하
게 됩니다. 이때는 화장실의 장소를 바꾸
거나 새로운 화장실로 만들어서 상태를 지
켜봅시다.

☐ 고양이가 안심할 수 있는 장소에 설치했습니까?

차분~

조용한 장소로 옮깁시다

사람이 자주 드나들거나 TV처럼 소리가 나는 것 가까이에 화장실을 둔 경우, 고양이는 시끄러워서 진정이 안 되기 때문에 안심하고 배변을 하지 못합니다. 또 잠자리나 식사 장소 근처도 좋은 장소가 아닙니다. 조용하고 안심할 수 있는 장소에 설치합시다.

☐ 화장실의 수는 충분합니까?

1 2 3 4

5마리나 있으니 온통 화장실 천지야….

5

고양이 한 마리당 1개의 화장실을 준비하는 것이 기본입니다

여러 마리의 고양이를 키우는데 어떤 고양이만 화장실 이외의 장소에서 오줌을 누게 되는 경우, 그것은 전용 화장실을 갖고 싶다는 어필일 수도 있습니다. 고양이의 수에 맞춰 화장실이 있는 것이 이상적이므로 준비해 줍시다.

☐ 화장실 용품은 고양이의 취향인 것으로 갖췄습니까?

이 형태

이 모래

말고는 사용하지 않는다고.

화장실 모래나 화장실 소재를 마음에 들어 하는지 확인합시다

새로운 화장실을 두거나 화장실 모래의 타입을 바꾸거나 하면 사용하지 않게 되는 고양이도 있습니다. 화장실이나 화장실 모래의 타입에 강한 집착이 있는 것일 수도 있습니다. 바꿀 때는 원래 쓰던 것과 새로운 것을 함께 사용하면서 고양이의 상태를 지켜봅시다.

Q69

실내에서 키우는 것은 고양이에게 불쌍한 일?

고양이를 밖에 내보내는 것은 위험천만합니다.

자유롭게 외출할 수 있는 환경에서 길러 주는 것이 고양이에게는 이상적일지도 모릅니다. 하지만 현대 사회, 특히 도시에서는 그것이 꼭 고양이를 위한 것이라고는 할 수 없습니다. 밖은 위험한 것들로 넘쳐납니다. 가장 무서운 것은 바로 교통사고입니다. 차에 치여서 목숨을 잃는 고양이의 수가 하루가 멀다 하고 많이 늘어납니다. 그리고 다른 고양이와의 싸움으로 부상을 입거나 감염증에 걸릴 위험성도 있습니다. 길고양이의 수명이 고작 3~4년인 것만 보더라도 밖에서 지낼 때의 위험도가 높다는 것을 알 수 있습니다. 또 이웃 고양이와 교미를 해서 거둘 사람이 없는 새끼 고양이가 태어나거나 다른 집 마당에다 배변을 해서 이웃간의 문제로 발전할 수도 있습니다. 그러니 반려묘의 목숨을 지키고 이웃에 폐를 끼치지 않기 위해서라도 실내에서 키우는 것이 현대에는 더 맞지 않을까요?

쾌적하게 지낼 수 있는 공간을 만들어 줍시다.

원래 고양이는 넓은 자기 구역을 필요로 하는 동물이 아니라서 실내에서도 충분히 행복하게 살 수 있습니다. 고양이에게는 넓이보다도 높이가 중요합니다. 그래서 실내에 상하운동을 할 수 있는 입체적인 공간을 만들어 두면 운동도 실컷 할 수 있어서 즐겁게 지낼 수 있습니다(170~171p 참조). 또 놀이를 통해 사냥 본능을 만족시켜 주는 것도 중요하므로, 시간이 있을 때마다 강아지풀 같은 장난감을 이용해서 실컷 놀아 줍시다.

A 어떻게 해 주느냐에 따라
실내에서도 충분히 행복하게
지낼 수 있습니다.

밖은 고양이에게 위험으로 가득!

작은 상자에 들어가고 싶어 하는 것은 왜일까?

주변이 꽉 막혀 있으면 안심합니다.

고양이는 상자, 가방, 빨래 바구니, 종이봉투, 가구의 구석 등 몹시 좁은 곳에 들어가고 싶어 합니다. 고양이의 몸은 매우 유연하기 때문에, 아무리 비좁아 보여도 막무가내로 들어갈 수가 있습니다. 그 안에 딱 들어가게 되면 만족해서 편안한 기분으로 그대로 잠들어 버리는 경우도 종종 있습니다. 이것은 야생 시절의 고양이가 나무에 나 있는 구멍이나 수풀에 있는 우묵한 곳을 잠자리로 삼았던 습성이 남은 것입니다. 주변이 꽉 막힌 공간은 적에게 들킬 염려도 적어서 안심하고 쉴 수 있었던 것이죠. 이 습성이 지금도 남아서, 구멍이나 빈틈을 보면 저도 모르게 들어가고 싶어지는 것입니다.

뭐가 됐든 간에 일단 들어가고 싶어요.

들어간다.

들어간다.

들어가지지 않아도 들어간다.

A 좁아도 안심할 수 있는 장소인 것이죠.

크레이트를 잠자리로 만드는 것도 추천합니다.

고양이는 경계심이 강하기 때문에, 안심하고 잘 수 있는 장소를 확보해 주는 것이 중요합니다. 앞에서 서술했듯이 주변이 꽉 막힌 공간이라면 안심할 수 있기 때문에, 크레이트(173p 참조)를 잠자리로 이용하는 것도 추천합니다. 평소에도 크레이트를 사용했다면 입원을 할 때나 이사할 때, 여행이나 출장으로 동물병원이나 펫 호텔에 맡길 때도 도움이 됩니다.

Q71

TV나 가구 위 등, 높은 곳에 올라가고 싶어 하는 것은 왜일까?

입체적인 놀이터로 운동 부족을 해결!

먼 옛날, 고양이의 선조는 삼림에서도 생활했었는데, 나무 위도 그 생활권이었습니다. 이 때문에 고양이는 높은 곳에 뛰어오르는 것을 매우 잘합니다. 높은 곳은 적에게 습격당했을 때의 피난 장소이기도 하며 상대를 공격할 때도 유리했기 때문에, 고양이에게는 안심할 수 있는 장소였던 것이지요. 특히 TV 위를 많이 좋아하는데 주된 이유는 높이와 더불어 적당하게 따뜻하기도 하기 때문입니다. 실로 이상적인 공간이지만, 최근에는 얇은 TV가 주류이기 때문에 고양이 입장에서는 내심 아쉬울지도 모르겠습니다. 그러므로 높은 곳에 올라가거나 내려오는 것을 아주 좋아하는 고양이를 위해, 실내에 상하 운동을 할 수 있는 입체적인 공간을 만들어 줍시다. 높낮이의 차이가 나도록 가구를 배치하거나 캣 타워 같은 것을 두면 잘 놀게 되어서 운동 부족 해소와 스트레스 발산에도 도움이 됩니다.

A 적에게 습격당할 걱정이 없고 안심할 수 있는 장소이기 때문입니다.

높은 곳을 아주 좋아합니다.

Q72

여행이나 이사는 고양이에게 스트레스가 쌓이는 일일까?

1~2일 정도의 여행이라면 집을 지키게 하는 것도 OK

38~39p에서 봤듯이 고양이는 집을 따르는 동물입니다. 익숙한 집에 있는 것을 무엇보다 좋아하며 환경의 변화를 싫어합니다. 특히 외출을 해 본 적이 없는 고양이일 경우에는, '집을 지키게 하는 것이 가여워'라는 생각에 여행에 데려가는 것이 고양이에게는 오히려 스트레스를 줍니다. 익숙하지 않은 장소에서 불안이나 스트레스를 느껴서 식욕이 없어지거나 설사를 하는 등 몸 상태가 무너지는 경우도 있습니다. 그러므로 1~2일 정도의 여행이라면 집을 지키게 하는 것이 더 좋습니다. 충분한 양의 드라이 타입의 식품과 물, 예비 화장실을 준비해 둔다면 문제없이 지낼 수 있습니다. 장기 여행일 경우에는 친구나 펫 시터(주인이 집을 비웠을 때 반려동물을 대신 돌봐 주는 전문가)에게 부탁해서 자택에서 돌보게 하는 것이 좋습니다.

• 반드시 외출을 해야만 할 때는 만반의 준비를 합시다! •

챙길 물품 체크 리스트

- ☐ 휴대용 가방
- ☐ 리드줄, 미아 방지 명찰
- ☐ 음식, 물
- ☐ 타월
- ☐ 비닐 봉투
- ☐ 휴대용 화장실(장기 외출일 경우)

평소에도 휴대용 가방에 길들인다

고양이가 도망가지 않도록 리드줄을 달아서 휴대용 가방에 넣습니다. 미아 방지 명찰도 필수입니다. 평소부터 리드줄이나 휴대용 가방에 길들여 두면 별 탈 없이 외출이 가능합니다.

> **A** 고양이는 환경의 변화를
> 좋아하지 않는 동물이기 때문에
> 경우에 따라서는 스트레스가
> 될 수도 있습니다.

이사를 할 때는 크레이트를 활용합니다.

아무리 환경의 변화를 꺼려하더라도, 주인이 이사를 할 때는 고양이를 데려가지 않을 수가 없습니다. 여기에서 도움이 되는 것이 바로 크레이트입니다. 크레이트 안에 고양이가 좋아하는 타월 같은 것을 깔고 고양이를 넣어서 데려간 뒤, 새집에 도착하고 나서도 잠깐 동안은 크레이트에 넣은 채로 조용한 장소에 둡시다. 그렇게 하면 익숙하지 않은 장소에서도 안심하며 지낼 수가 있어서 서서히 새로운 환경에 적응할 것입니다. 대부분의 고양이는 한 달 정도면 크레이트에 길들일 수 있기 때문에, 이사가 결정된 뒤부터 연습을 시작하더라도 늦지 않습니다.

● 이사할 때의 주의점 ●

여기는 어디지?
탐험해 보자.

고양이를 크레이트에 넣는다
이사 당일에는 좋아하는 타월 등을 깐 크레이트에 고양이를 넣어서 조용한 장소에 둔 뒤에 작업을 시작합니다. 그리고 새집에 도착한 뒤에도 잠시 동안은 크레이트에 넣은 채로 조용한 곳에 둡니다. 짐이 정리되고 집안이 차분해졌다면 고양이를 크레이트에서 꺼낸 뒤 성이 찰 때까지 실내 탐험을 시켜 줍시다.

Q73

내가 외출해 있을 때 계속 우는 것은 외로워서일까?

고양이도 '분리 불안'에 걸린다?!

일반적으로 고양이는 집을 지키는 것을 싫어하지 않습니다. 본래 단독으로 생활하던 동물이기 때문에, 기본적으로는 혼자 있어도 '외롭다'라는 생각을 하지 않습니다. 개의 경우에는 주인과 떨어지는 것에 불안을 느끼고, 혼자 집을 지키게 되면 계속 짖거나 패닉을 일으키는 분리 불안을 종종 보이게 됩니다. 반면에 고양이의 경우에는 주인이 외출을 해도 전혀 신경 쓰지 않고 낮잠을 자거나 혼자 놀면서 얌전하게 기다리지요. 그러나 드물기는 하지만 고양이의 분리 불안도 보고되고 있습니다. 주인과 친밀한 관계를 맺으며 살고 있는 고양이일 경우에는 주인이 외출을 하면 불안해져서 계속 울거나 하는 경우도 있다고 합니다. 그러니 평소에 너무 지나친 관심을 주지 않으면서 조금씩 자립시키는 것이 중요합니다.

집을 보게 하기 위해서는 안전하고 쾌적한 환경이 필요합니다.

집을 보게 할 때는 고양이가 장난을 칠 법한 물건, 위험한 물건은 치워 두는 등 안전하고 쾌적한 환경을 마련하는 것이 중요합니다. 지금은 자동급이기(사료를 자동으로 공급하는 장치)나 전자동 화장실 등 편리한 아이템이 등장했지만, 부재중일 때 사고가 일어나지 않으리라는 법도 없기 때문에, 고양이 혼자 집을 보게 하는 것은 길어야 1~2일이 한계입니다. 신선한 물과 음식을 준비하고 오른쪽 페이지에 있는 '집 지키기 준비 체크표'를 확인해서 쾌적하게 집을 지키게 해 줍시다.

A 외롭다기보다는 불안을 느낄 가능성이 있습니다.

• 외출 전에 고양이가 지내는 방을 확인합시다! •

콘센트는 뽑자.

위험한 물건은 치우자!

집 지키기 준비 체크

- ☐ 고양이에게 위험한 물건을 치웠다(잘못해서 삼키기 쉬운 물건).
- ☐ 화장실을 깨끗하게 해 뒀다.
- ☐ 신선한 음식과 물을 준비했다.
- ☐ 방 온도와 습도를 확인하고 설정했다.
- ☐ 불필요한 콘센트는 뽑았다.
- ☐ 욕실에 들어가지 않도록 해 두었다.
- ☐ 잠자리를 준비했다.
- ☐ 창문이나 커튼을 닫아 두었다.

만약 재해가 일어나면?

　지진, 화재, 태풍, 집중 호우 등 재해는 언제 일어나도 이상하지 않습니다. 그럴 때 반려묘를 지킬 수 있는 것은 주인인 당신뿐입니다. 그러니 긴급 상황을 대비해서 만반의 준비를 해 두는 것이 중요합니다. 먼저 가장 가까운 피난 장소를 확인하고, 피난소에서의 생활을 대비하여 평소부터 크레이트나 리드에 길들여 둡시다. 비상용 반출 봉투는 사람용과 더불어 고양이용도 준비합니다. 그리고 최소 3일 분의 음식, 물, 식기 등을 갖춰 둡니다. 대피할 때는 고양이를 크레이트에 넣어서 함께 데려가는 것이 원칙입니다.

　고양이와 떨어지게 됐을 때를 대비해 평소부터 미아 방지 명찰을 달아 둔다면 좋습니다. 고양이가 목줄을 싫어한다면 동물의 개체 식별번호가 입력된 마이크로칩을 이식하는 방법도 있습니다. 피난소에서는 주변에 대한 배려를 잊지 말고 매너를 지킵시다.

음식

식기

타월

캐리어

펫 시트

미아 방지 명찰

고양이용!

사료나 물은 3일분 이상이다냥~

5

우리 집 고양이의 못 말리는 행동

고양이의 행동을 보다보면 '왜?', '어째서?' 하고 곤혹스러워지는 장면이 몇 번이나 있을 것입니다. 고양이가 왜 그러한 행동을 하는 것인지 원인을 밝혀 봅니다.

Q74

쓰다듬고 있는데 왜 갑자기 할퀴는 걸까?

집요하게 쓰다듬거나 아프게 하면 짜증이 나는 것입니다.

고양이는 기본적으로 자기 기분이 좋을 때만 만져 주는 것을 좋아하기 때문에, 집요하게 만지는 것을 싫어합니다. 또 만져 주는 것을 좋아하는 고양이라도 집요하게 만지게 되면 점차 싫어하게 될 수도 있기 때문에, 어떻게 만져야 좋을지 포인트를 파악해 둡시다. 먼저 고양이가 스스로 그루밍을 할 수 없는 귀 뒤나 턱 아래 등을 긁어 준다는 감각으로 조금 강하게 쓰다듬어 줍니다. 여기에서 주의할 점은 장시간 계속 쓰다듬는 것은 금물! 싫어하기 전에 멈추고, 조금 시간을 둔 뒤에 다시 쓰다듬읍시다. 또 쓰다듬은 뒤에 놀아 준다면, '쓰다듬어 준다 = 좋은 일이 생긴다'라는 것을 기억하게 됩니다.

대처법

쓰다듬는 시간은 짧게

고양이가 '좀 더 만져 줘'라는 생각이 들게끔 쓰다듬는 시간을 짧게 합니다. 고양이가 싫어하기 전에 멈춥시다.

A 고양이는 자신이 만져 주길 바랄 때 만져 주는 것을 좋아합니다.

◦ 고양이의 쓰담쓰담 포인트 ◦

이마
만지는 사람이 아직 익숙하지 않을 동안에는 정면에서 이마를 만지려고 하면 무서워하므로 뒤에서 쓰다듬듯이 합시다.

귀 뒤
스스로는 그루밍을 할 수 없는 장소입니다. 아주 살짝 강하게 긁어 준다는 느낌으로 쓰다듬습니다.

등
등뼈를 따라 부드럽게 천천히 쓰다듬어 주면 좋습니다.

턱 밑
스스로 그루밍을 할 수 없는 곳이기 때문에 아주 살짝 강하게 쓰다듬어 줍시다.

목 주위
부드럽게 천천히, 살짝 강한 느낌으로 쓰다듬어 줍시다.

배
배에 원을 그리듯이 부드럽게 쓰다듬어 주면 좋습니다.

179

Q75

요즘 들어 성격이 공격적으로 변했어…. 전에는 그러지 않았는데?

고양이에게 있어서 스트레스란?

고양이가 공격적으로 변했을 때 그 원인으로는 여러 가지를 들 수 있습니다. 방의 무늬를 바꿨거나 이사를 했거나 혹은 새 가족이 생겼거나 하는 등 환경에 변화는 없습니까? 고양이는 조심성이 매우 많은 동물이기 때문에 환경의 변화를 꺼려합니다. 환경이나 상황의 변화로 인해 스트레스나 불안을 느끼게 되면 그것이 계기가 되어 위협을 하거나 공격을 하게 되는 것입니다. 또, 내분비 장애 등의 병이 생겨서 공격적으로 변한 것일 수도 있습니다. 흥분 상태가 지나치게 계속될 경우에는 동물 행동 전문가나 수의사와 상담합시다.

고양이는 화풀이를 하는 경우도 있습니다.

고양이도 화풀이를 하는 경우가 있습니다. 공격하고 싶은 상대에게 공격할 수 없는 상태, 예를 들면 실내에서 키우는 고양이가 창밖의 먹이를 보고 공격성이 올라왔을 때, 아무 상관도 없는 주인을 할퀴거나 하는 공격이 바로 그것입니다. 일종의 화를 다른 것에 전가시키는 것인데 만약 고양이가 그러한 상태가 된다면 흥분이 가라앉을 때까지 방에서 나와 거리를 둡시다.

A 생활 환경을 되돌아보면서 고양이에게 스트레스가 가해지지 않았는지 생각해 봅시다.

고양이의 스트레스 정도 Check

☐ 새 가족이 생겼거나 다른 동물이 늘어났다.

☐ 이사를 했다.

☐ 방의 무늬를 바꾸었다.

☐ 근처에서 공사가 있었다.

☐ 고양이와 노는 시간이 거의 없다.

해당되는 부분이 3개 이상 있을 경우에는 고양이가 스트레스를 안고 있을 가능성이 높습니다. 1개나 2개가 해당될 경우에도 고양이에게 스트레스가 어느 정도 가해지고 있다는 것이 확실하므로, 이 이상 스트레스를 받지 않도록 조심해 주세요.

대처법

전문가에게 상담을

고양이가 환경에 적응하지 못하고 공격성이 심한 경우에는 동물 행동 전문가나 수의사에게 상담을 받읍시다.

Q76

먼저 키우던 고양이와 새로 들어온 고양이의 싸움을 멈추게 하고 싶어….

고양이에게는 환경의 큰 변화입니다.

자신의 구역인 집에 어느 날 듣도 보도 못한 고양이가 들어왔다. 이것은 먼저 키우던 고양이에게는 엄청난 환경의 변화이기에 심한 스트레스를 받습니다. 먼저 키우던 고양이와 신입 고양이를 대면시키는 일은 신중하게 결정할 필요가 있습니다. 먼저 살던 고양이의 정신적인 면을 생각해서 가능한 한 스트레스를 받지 않는 생활을 할 수 있도록 배려해 줍시다. 두 고양이를 대면시켜서 사이가 좋아질 기미가 전혀 보이지 않을 경우에는 각각의 방에서 키우든지, 새 주인을 찾는 등 다른 수단을 생각할 수밖에 없습니다. 고양이들이 행복해지는 길을 찾아 주는 것이 중요합니다.

키우기 전에 궁합을 보는 것이 중요합니다.

고양이의 성격이나 궁합에 따라 어떻게 해도 사이가 좋아지지 못하는 경우가 있습니다. 새로 들여온 고양이와의 동거가 성공할지 아닐지는 대면 후 일주일이 고비입니다. 미리 브리더나 분양자에게 '일주일간 맡아보고 사이가 안 좋아질 경우에는 되돌려 보내겠다'라는 약속을 하고 궁합을 시험하는 기간을 받을 수 있으면 좋습니다.

궁합이 중요해!

A 싸움이 심할 경우에는 생활 공간을 나누는 것도 생각해 봅시다.

 없음

대처법 적응시키는 방법

휴대용 가방에 넣은 채로 대면시킨다
처음에는 2마리 다 휴대용 가방에 넣은 채로 대면시킵니다. 상대방의 존재를 인식시킵시다.

먼저 키우던 고양이를 자유롭게 해 준다
먼저 키우던 고양이를 가방에서 꺼낸 뒤 자유롭게 해 줍니다. 두 고양이 중 어느 쪽도 무서워하거나 위협하지 않는다면 새로 들어온 고양이도 꺼내 줍니다.

대처법 싸우지 않게 하는 방법

방을 나눈다
각각의 방을 준비해서 거리를 둡니다. 그러는 동안에 서로의 존재에 익숙해져서 같은 방에 있어도 신경 쓰지 않게 되는 경우도 있습니다.

도망갈 장소를 확보해 준다
좁은 장소나 높은 곳 등 싸우게 되었을 때 각자 도망가기 쉬운 장소를 만들어 줍시다.

183

Q77

놀다 보면 펀치나 킥이 날아와, 어떻게 하면 멈출 수 있을까?

저도 모르게 놀이가 격해진 것인지, 아니면 스트레스가 원인인지를 파악해 봅시다.

놀다 보면 주인이나 다른 고양이에게 달려들어 할퀴거나 무는 고양이가 있습니다. 대부분의 고양이의 경우에는 놀이가 격해져서 무심결에 물게 되는 것이 원인이지만, 그중에는 심한 스트레스로 인해 주인이나 다른 고양이들을 심하게 공격하는 경우도 있습니다. 일단은 무엇이 고양이가 공격을 하게끔 만들었는지를 생각해서 원인을 없애 주는 것이 중요합니다.

놀이를 하다가 자주 공격을 하는 고양이의 경우, 놀고 싶은데 주인이 충분히 놀아 주지 않아서 스트레스가 쌓였을 가능성도 생각해 볼 수 있습니다. 예를 들면, 주인이 놀이 시간을 충분히 확보하지 않았거나 놀아 주는 방법이 서툴다든가 하는 것이 그 이유입니다. 완전히 실내에서만 키우는 고양이는 놀이 상대가 기본적으로 주인뿐입니다. 일 때문에 외출이 잦은 경우에는 집을 비우더라도 고양이 혼자서 놀 수 있는 환경을 마련해 주거나 귀가 후에 장난감을 사용해서 고양이와 충분히 놀아 주는 시간을 확보합시다. 그리고 하루에 한 번은 반드시 스킨십을 하도록 합시다.

놀아 달라냥!

씩
씩

A 공격의 원인은
여러 가지. 일단은 원인을
파악해 봅시다.

대처법 실컷 놀아 줍니다.

재롱을 부리는 테크닉을 몸에 익히게 한다
고양이 낚싯대도 일정하게 흔드는 것이 아니라,
움직임에 완급을 주거나 지그재그로 움직이면서
먹이처럼 보이게 합니다.

청각을 자극하는 놀이를 한다
천이나 담요, 포장지 등에 고양이 낚싯대를 넣어
서 바스락바스락하는 소리를 내며 돌아다니는
쥐를 표현해 봅니다.

대처법 고양이에게 공격을 당했다면 큰 소리를 낸 뒤 무시합시다.

펀치나 킥을 맞은 순간, "안 돼" 하고 큰소리를
내어서 고양이의 주의를 돌립니다.

놀이를 중단하고, 고양이를 무시하면서 그 방을
나갑니다.

185

Q78

오줌의 양이 전과 달라졌어. 병인 걸까?

고양이는 신장에 부담이 가기 쉬운 동물입니다.

고양이는 몸속의 수분을 효율적으로 사용하기 때문에, 응축된 진한 오줌을 내보냅니다. 신장을 항상 혹사시키는 상태라서 나이를 먹을 수록 신장 기능의 장애가 일어나기 쉬워집니다. 신장은 한 번 기능이 떨어지게 되면 회복시킬 수가 없습니다. 때문에 병을 조기에 발견해서 정상적인 기능을 유지하는 것이 중요합니다. 신장 질환은 말기가 되지 않으면 증상이 잘 나타나지 않기 때문에, 어릴 때부터 정기적으로 병원에서 오줌 검사를 받아 둡시다. 고양이의 몸 상태를 관리하기 위해서는 평소에 자신의 고양이가 하루에 배변을 몇 번 하는지, 배변 양은 어느 정도인지를 알아 두는 것이 상당히 중요합니다. 색이나 상태도 함께 확인해서 이상이 있을 때는 수의사에게 빨리 상담을 받읍시다.

고양이에게 많은 요로계의 질병

요로 질환은 고양이가 걸리기 가장 쉬운 병 중 하나입니다. 방광의 용량이나 수분 섭취량에는 개체차가 있기 때문에 일률적으로 말할 수는 없지만, 고양이는 비교적 오줌을 모아 두는 시간이 길기 때문에 요로 질환을 일으키기가 쉽습니다. 특히 수컷은 요관이 좁기 때문에 요로결석에 걸리기 쉽고, 그것으로 인해 오줌이 완전히 나오지 않게 되면 이틀도 못 가서 죽음에 이릅니다. 고양이의 배변에서 이상을 느꼈다면 바로 동물병원으로 갑시다.

A 신장이나 요로계의 질병일 가능성이….

대처법 식사를 통한 케어와 건강검진을 빼먹지 맙시다.

도 이제 6살. 슬슬 음식을 바꿔 볼까?

신장에 가능한 한 부담을
주지 않는 식사로
6세 정도부터 미네랄분이 적은
하부요로증후군 예방용 식품으로
바꿔 봅시다.

건강검진을 받도록 합시다
병을 조기에 발견하기 위해서라
도, 정기적으로 건강검진을 받는
것이 중요합니다. 오줌 검사나 혈
액 검사를 받아서 건강할 때의
수치를 알아 두면 병의 징조를
알아차릴 수 있습니다.

음, 좋네!

오줌의 상태로 알 수 있는 고양이의 병

반려묘가 건강할 때의 오줌 상태를 알아 두면
상태가 나빠졌을 때 바로 대처할 수 있습니다.

신경이 쓰이는 증상을 Check!

☐ 반복적으로 토를 합니까?

☐ 오줌 색깔이 옅어졌습니까?

☐ 오줌을 누려고 힘을 줍니까?

☐ 음경 끝에 혈액이 묻어 있습니까?

☐ 오줌 색깔은 빨갛지 않습니까?

☐ 성기를 끊임없이 핥습니까?

☐ 설사 증상이 있습니까?

☐ 오줌 눌 때의 자세가 변했습니까?

☐ 오줌 냄새가 평소와 달라졌습니까?

☐ 오줌 누는 횟수나 양이 평소보다 많습니까?

☐ 오줌 누는 횟수나 양이 평소보다 적습니까?

평소와 다른 모습이 보이고 이 체크 항목들에 해당될 경우에는 신장 혹은 요로계의 병
을 의심할 수 있습니다. 수의사의 진단을 받아 봅시다.

오줌이 나오지 않는 경우

오줌이 나오지 않는 원인으로 특히 많은 것이 요로결석입니다. 이는 방광 내에 생긴 결정이 요도에 쌓이게 되는 병이지요. 암컷은 요도가 짧고 굵기 때문에 이 병에 걸릴 일이 비교적 적지만, 수컷은 요도가 길고 좁기 때문에 결정이 쌓이기 쉽습니다. 건강할 때의 고양이의 방광 안은 산성을 띕니다. 그러나 방광 안이 알칼리성으로 바뀌면 방광에 모여 있는 오줌 속에 결정이나 결석이 생기기 쉬워집니다. 그 원인은 바로 식사에 있습니다. 미네랄분이 많은 식품을 계속 먹게 되면, 그 미네랄분이 방광 내에서 결정이 되어 굳게 됩니다. 요로 질환에 걸렸을 경우에는 미네랄분이 적은 식사를 줘서 식생활을 개선하는 것이 중요합니다.

오줌을 다량으로 누는 경우

물을 빈번하게 마시고 오줌을 많이 누는 고양이는 신장병을 의심할 수 있습니다. 보통은 오줌을 내보내기 전에 필요한 수분을 신장에서 재흡수합니다. 그러나 신장염을 앓게 되면 그 재흡수가 불가능해지므로 빈번하게 물을 마시게 되고 오줌도 많이 누게 됩니다. 몸이 붓게 되므로, 목덜미의 살을 잡은 뒤에 피부가 금방 돌아오는지 아닌지를 확인합시다. 그 밖에도 당뇨병이나 자궁축농증일 가능성도 있습니다. 증상에 관해서는 142~143p에서 다루어 두었으므로 참고하세요.

5

우리 집 고양이의 못 말리는 행동

대처법

동물병원에서 진찰을 받읍시다.

요로계나 신장 질환은 이상을 느꼈다면 수의사의 진단을 바로 받는 것이 중요합니다. 진찰 시에는 가장 최근의 배설물을 컵에 채취한 뒤, 용기에 옮겨서 가지고 갑시다.

이걸 갖고 가자!

Q79

스프레이 행동을 멈추게 하고 싶은데….

혼내기 전에 원인을 찾는 것이 중요합니다.

여기저기에 오줌을 뿌리며 돌아다니는 스프레이 행동은 성숙한 수컷 고양이에게서 자주 보이는 행동으로, 자기 구역을 주장하기 위해서나 성적으로 성숙되었음을 다른 고양이들에게 전하기 위해 하는 것입니다. 그러나 반드시 성행동과 연관시켜서 하는 행동은 아닙니다. 주인이 관심을 주지 않았거나 이사를 해서 환경이 바뀌었거나, 혹은 새 가족이 생겼거나 새로운 고양이가 왔다든가 하는 데서 오는 불안 때문에 자신의 냄새를 남겨서 안심하려고 하는 것일 수도 있습니다. 왜 이런 마킹 행동을 하게 되었는지 원인을 잘 생각해서 대처하는 것이 중요합니다.

대처법 원인을 찾아내서 냄새를 남기지 않을 방법을 고민해 봅시다.

스트레스를 줄여 준다
고양이와 접촉하는 시간을 늘리거나 고양이가 안심할 수 있는 장소를 확보하는 등, 고양이의 불안 요소를 찾아내서 될 수 있는 한 개선해 줍시다.

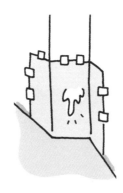

배변 시트를 붙인다
고양이가 스프레이 행동을 자주 하는 장소에는 배변 시트를 붙이는 것이 좋습니다. 스프레이 행동을 하게 되면 시트만 새로 붙이면 되므로 청소하기도 쉽습니다.

A 스프레이 행동은 불안 해소 등의 이유로 하게 됩니다.

중성화 수술을 생각하는 것도 한 방법입니다.

새끼 고양이를 원하지 않는다면 중성화 수술을 하나의 수단으로 생각해 봅시다. 자기 구역의식이 약해지기 때문에 스프레이 행동을 줄일 수가 있고 병의 예방도 됩니다. 그러나 중성화수술을 했다고 해서 스프레이 행동을 완전히 안 하게 되는 것은 아닙니다. 성적 성숙 후에 수술한 경우에는 스프레이 행동이 남게 될 수도 있습니다. 아주 드물기는 하지만, 고양이에 따라서는 성적 성숙 전에 중성화를 해도 스프레이 행동을 하는 경우도 있습니다. 수술에 따른 장·단점을 이해한 뒤 잘 생각해서 결단을 내립시다. 수술 시기는 담당 수의사와 상담하는 것이 좋습니다.

• 중성화 수술의 장, 단점 •

	장점	단점
수컷	구역 의식이 약해지기 때문에 다른 고양이들과의 트러블이 줄어듭니다. 밖을 돌아다니는 고양이라면 외출도 줄어들 것입니다. 주인에게 어리광을 부리게 되는 등 성격이 온화해지며, 싸움도 줄어들어서 비교적 키우기 쉬워집니다.	고환을 제거하기 때문에 번식을 할 수 없게 됩니다. 수술 후에는 근육이 잘 붙지 않게 되는 대신 지방이 잘 붙게 됩니다. 식욕도 올라가기 때문에 살찌기 쉬워집니다.
암컷	외출이 줄어듭니다. 발정기의 감정 기복이 없어져서 정신적으로 안정됩니다. 자궁축농증이나 유선 종양 등의 병에 걸릴 가능성이 줄어듭니다.	여성 호르몬이 적어져서 식욕이 올라가기 때문에 살찌기 쉬운 체질이 됩니다. 수술로 난소를 적출하기 때문에, 새끼를 낳을 수 없게 됩니다.

Q80

손님의 물건에 오줌을 누는 것은 왜일까?

낯선 사람이나 사물의 냄새에 공포심을 품습니다.

고양이는 집안을 자신의 영토라고 생각합니다. 그런 고양이에게 손님이라는 존재는 안심하고 지낼 수 있는 소중한 장소에 느닷없이 들어온 침입자 그 이상도 그 이하도 아닙니다.

고양이는 일단 손님의 낯선 냄새에 민감하게 반응합니다. 그리고 그 익숙하지 않은 냄새에 불안과 공포심을 품게 되어, 자신의 영토였던 장소가 순식간에 불편한 장소로 바뀌게 되는 것이지요. 그래서 그 안 좋은 냄새를 지우려고 하는 것입니다. 상대의 냄새를 지우기 위한 무기는 뭐니 뭐니 해도 오줌! 오줌을 뿌려서 자신의 냄새를 남김으로써 '여기는 내 장소야!'라고 주장하는 것입니다.

고양이를 위해서도, 손님을 위해서도 억지로 마주하게 하지 맙시다.

마킹은 고양이에게는 정상적인 행동입니다. 하지만 손님이 올 때마다 오줌을 뿌리면 곤란하지요. 또 영토를 주장하는 고양이 외에도 손님이 무서워서 숨게 되는 고양이, 스트레스로 인해 토하게 되는 고양이도 있습니다. 고양이는 매우 예민한 동물입니다. 사람을 좋아하는 고양이라면 상관이 없겠지만, 무서워하는 고양이를 억지로 손님과 만나게 하는 것은 피합시다. 손님과 얼굴을 마주하지 않도록 고양이를 다른 방으로 옮기는 등의 대책을 세웁시다.

A 고양이에게 손님의 물건은 낯선 것이기 때문입니다.

대처법 마킹을 할 수 없는 환경을 만듭시다.

어, 고양이는?

옆방에 있어.

얼굴을 마주하지 않도록 다른 방에 넣어 둔다

손님이 오기 전에 고양이를 다른 방에 넣어 둡시다. 시간이 길어질 경우에는 화장실이나 물을 준비하고, 좋아하는 장난감 등을 넣어서 지루해하지 않도록 준비해 줍시다.

크레이트에 넣는다

크레이트에 넣어 두면, 손님이 고양이의 오줌에 당하는 피해를 막을 수 있습니다. 이 경우 주의해야 하는 것은 손님이 돌아간 후입니다. 손님이 다녀간 여파로 방 여기저기에 오줌을 뿌릴 가능성이 있기 때문에, 가구에 시트 같은 것을 붙여서 2차 피해를 막읍시다.

어라? 신발이 없다냥.

손님의 물건은 마킹할 수 없는 장소에 넣어 둔다

신발은 신발장에 넣거나 짐 같은 것들은 고양이가 절대로 다가가지 않는, 오줌을 눌 수 없는 장소에 두는 배려도 잊지 마시길 바랍니다.

Q81

중성화를 했는데도 여기저기에 배변을 하네…. 이를 어쩌지?

화장실 환경이 문제이거나 병일 가능성이 있습니다.

중성화 수술을 했는데도 그런다면, 아마도 마킹을 위한 행동은 아닐 거라고 생각합니다(다만, 선 채로 꼬리를 살짝 흔들면서 오줌 스프레이 행동을 하는 것이라면 마킹입니다). 중성화 수술을 하면 영토 의식이 약해져서 마킹 행동이 상당히 줄어들기 때문입니다.

고양이가 오줌을 지릴 때의 원인은 여러 가지입니다. 건강한 고양이가 갑자기 화장실을 사용하지 않게 됐을 경우, 먼저 생각할 수 있는 것은 화장실에 대한 불만입니다. 화장실에 집착을 가지는 고양이는 생각보다 많습니다. 고양이는 원래 화장실을 좋아하므로, 환경을 만들어 주고 장소를 알려 주면 보통은 화장실을 깔끔하게 씁니다. 하지만 화장실이 더럽거나 용기의 모양이나 화장실 모래의 소재 또는 화장실을 둔 장소가 마음에 들지 않는 등의 요인이 있으면 그 장소에서 배변을 하는 것에 스트레스를 느껴서 다른 장소에서 오줌을 누게 됩니다. 162~165p를 참고하여 화장실의 상태를 확인해서 반려묘의 화장실 상태를 가만히 관찰한 뒤에, '무엇이 원인인지'를 다시 한 번 생각해 보세요. 원인을 알았다면 빨리 대처하는 것이 중요합니다.

A 화장실 환경이 문제이거나 병일 가능성이 있습니다.

병이 원인인 경우도 있습니다.

스트레스 이외에 생각할 수 있는 것은 병 때문에 몸 상태가 안 좋아서 화장실에 가는 것이 귀찮아졌거나 또는 화장실까지 가는 도중에 지렸을 가능성입니다.

색이 무색투명할 경우에는 당뇨병이나 만성 신장염일 가능성이 있으며, 이때는 빈번하게 물을 마시고 오줌의 양도 많아집니다. 또 반대로, 노란색 느낌이 강할 때도 주의가 필요합니다. 이때는 몸 상태가 나빠져서 병에 걸린 것을 생각해볼 수 있습니다. 오줌에 붉은 기가 있을 경우에는 방광이나 신장, 요로에 어떠한 염증이 생겼을 수도 있습니다. 고양이가 오줌을 누는 자세나 오줌의 냄새가 평소와 다름이 없는지를 확인해서 대처하는 것이 중요합니다.

대처법 오줌을 확인한 뒤 걱정된다면 동물병원으로

오줌의 색이나 냄새에서 이상이 있다면, 용기에 될 수 있는 한 신선한 오줌을 채취해서 그것을 들고 동물병원으로 가 진찰을 받아봅시다(오줌을 채취할 수 없는 경우에는 병원에서 채취하는 것도 가능합니다).

Q82

밥을 찔끔찔끔 먹는 것을 어떻게 하고 싶은데…, 어쩌지?

고양이는 개처럼 한 번에 왕창 먹을 필요성이 없습니다.

　개처럼 집단으로 활동하며 큰 먹이를 잡는 동물은 앞으로 언제 먹이를 잡을 수 있을지 알 수 없기 때문에 한꺼번에 많이 먹었습니다. 그러나 고양이는 혼자 사냥을 하는 단독 생활자였습니다. 그래서 사냥으로 잡은 먹이를 독식할 수 있었기 때문에 작은 먹이를 여러 번 잡아서 조금씩 먹었습니다. 또 다 먹지 못한 것은 나중을 위해 가능한 한 남기는 습성도 있습니다. 게다가 고양이는 몸이 작기 때문에, 한 번에 많이 먹으면 소화를 다 못해서 토하게 되는 경우도 있습니다. 이러한 이유로 고양이에게는 조금씩 나눠서 먹는 습성이 있습니다.

빠르다…

허겁지겁 낼름!

A 조금씩 먹는 것이 고양이에게는 일반적인 것입니다.

식사량과 장소를 생각합시다.

느릿느릿 먹는 것은 고양이의 이빨에도 그다지 좋지 않기 때문에, 식사 시간을 딱 정하도록 합시다. 성묘의 식사는 하루 2회 정도로 나누어 줍니다. 그래도 남긴다면 하루에 3~4번을 소량으로 나누고, 밥은 한 입에 먹을 수 있는 작은 사이즈로 만듭시다. 또 고양이가 안심하고 먹을 수 있는 장소에 밥을 세팅해 주는 것도 중요합니다.

조금씩만 달라고!

대처법

먹지 않을 때는 식사를 치웁니다.

정해진 시간 내에 고양이가 밥을 먹지 않을 때는 식사를 치웁니다. '이 때가 아니면 먹을 수 없다'라는 사실을 고양이가 이해한다면 식사를 내었을 때 먹게 될 겁니다.

두둥!

다시 먹으러 왔는데 없어!

Q83

가구나 기둥에 발톱을 갈아 대서 온 집안이 너덜너덜. 어떻게 안 될까?

발톱 케어나 냄새를 남기는 등의 의미가 있습니다.

　고양이가 발톱을 가는 것은 오래된 발톱을 벗겨 내는 것 외에 발끝에도 있는 자신의 냄새를 남겨서 자신의 구역을 나타내는 마킹 행동이거나 스트레스 해소, 흥분한 마음을 가라앉히는 등의 의미가 있습니다. 즉, 고양이에게 발톱을 가는 행위는 반드시 필요한 것이기 때문에 그만두게 할 수 없습니다. 가구나 기둥에 발톱을 갈지 않게 하기 위해서는 발톱을 갈아 주는 기구의 사용 방법을 가르쳐서 '발톱은 기구에 가는 것'이라는 것을 익히게 합시다. 앞발을 발톱갈이 기구에 문질러서 냄새를 남기거나 개다래나무같이 고양이가 좋아하는 냄새를 기구에 남겨 두면 가르치기가 쉬워집니다. 또 발톱갈이 기구는 하나만 있으면 되는 것이 아니라, 고양이가 발톱을 갈고 싶어 하는 장소마다 필요합니다. 가구나 기둥에는 발톱을 갈지 못하도록 고양이가 싫어하는 냄새가 나는 스프레이를 뿌려서 다가가지 않게 합시다.

반려묘의 취향을 이해합시다.

　발톱갈이 기구는 실로 다양한 타입이 있습니다. 골판지 제품부터 카펫 제품, 목재 제품 등 취향은 고양이에 따라 다르기 때문에 반려묘가 좋아할 법한 것을 준비합시다. 또 자기 구역을 주장하기 위해 발톱을 가는 경우에는 발톱 자국이 눈에 띌 수 있도록 가능한 한 높은 장소에서 발톱을 갈려는 고양이도 있습니다. 그러한 경우에는 서서 사용하는 기구나 캣 타워 타입도 추천합니다.

A 발톱을 가는 것은 고양이의 습성입니다. 환경을 다시 한번 되돌아봅시다.

대처법 발톱에 의한 피해를 막는 비결

고양이가 좋아하는 소재를 찾자

발톱갈이 기구에는 다양한 타입이 있고, 고양이에 따라서도 취향이 있습니다. 당신의 반려묘가 좋아하는 타입의 발톱갈이 기구를 찾아 줍시다.

싫어하는 스프레이를 칙!

시판되고 있는 제품을 활용한다

가드용 발톱갈이 방지 시트를 붙이거나 고양이가 싫어하는 냄새가 나오는 스프레이를 뿌려서 고양이를 접근하지 못하게 하는 것도 방법입니다.

이것도

이것도

이것도

설치 장소를 잘 생각해 본다

고양이가 발톱을 자주 가는 장소를 확인해서 그 장소에 발톱갈이 기구를 설치합시다.

Q84

안으려고 하면 달아나 버리는데…, 어쩌지?

몸을 맡겨도 괜찮다는 생각이 들게끔 만듭시다.

고양이 입장에서 안기는 것은 몸이 구속을 당하고 자유를 뺏긴 상태입니다. 새끼 고양이 시절부터 길들여 두지 않으면 좀처럼 안심하고 몸을 맡기려 하지 않습니다. 특히 안는 것을 싫어하는 고양이를 억지로 꼼짝 못하게 하는 것은 역효과를 일으킵니다. 안는 것을 싫어하게 될 뿐만 아니라 공격 행동으로 발전할 수도 있습니다. 안을 때는 고양이가 '몸을 맡겨도 괜찮다'라는 생각을 하게끔 상태를 보면서 안는 연습을 조금씩 하도록 합시다. 또 고양이가 난리칠 때마다 잡고 있던 다리를 놔주게 되면 고양이는 '날뛰면 놔주는구나' 하고 기억하게 되기 때문에 주의합시다.

대처법 능숙하게 안는 비결

고양이가 알아서 다가왔을 때만 안아 주는 것이 포인트. 고양이가 안 좋은 경험을 겪게 하지 않는 것이 중요합니다.

고양이가 안심하고 몸을 맡긴다면, 엉덩이를 끌어안습니다. 불안정해지지 않도록 확실하게 지탱합니다.

A

몸을 구속당하는 것이 싫은 것일 수도 있습니다.

평소의 스킨십이 중요

스킨십은 모든 동물에게 있어 중요한 것입니다. 스킨십을 통해 편안함과 안심을 느끼게 되고 몸과 마음이 진정됩니다. 당신도 어미 고양이가 되었다는 생각으로 반려묘를 쓰다듬거나, 다정한 목소리로 말을 걸거나, 고양이와 매일 조금씩이라도 좋으니 스킨십을 하도록 노력해 나갑시다. 그러면 안는 것도 자연스럽게 할 수 있게 됩니다. 또 안아 준 뒤에 좋아하는 장난감으로 놀아 주거나 좋아하는 음식을 주면, '안아 준다 = 좋은 일'이라고 기억해서 안아도 싫어하지 않게 될 것입니다.

대처법2 고양이가 날뛰게 될 경우(어떻게든 안고 있어야 할 때)

고양이가 날뛸 때는 옆구리를 확실하게 졸라서 자신의 몸과 팔 사이로 고양이가 빠져나가지 않도록 합시다.

고양이의 앞다리를 손에 끼워서 잡으면, 빠져 나가는 것을 방지할 수 있습니다.

만약 고양이가
미아가 된다면….

완전히 실내에서 키우는 고양이의 입장에서 집 밖은 미지의 세계이며 위험으로 가득합니다. '우리 집 고양이는 밖에 나가지 않으니까 괜찮아'라고 생각하더라도, 고양이는 어떠한 계기로든 밖으로 나가게 될 수도 있습니다. 그렇게 되면 미아가 될 가능성이 높아집니다. 만약을 위해, 일단은 미아 방지 명찰을 준비해서 고양이의 몸에 달아 둡시다. 반려묘가 미아가 되어 다른 사람이 임시 보호를 할 때 주인을 알 수 있으므로 안심할 수 있습니다.

실제로 미아가 되었다면 휴대용 가방을 지참해서 집 주변의 그늘을 찾아봅시다. 실내에서 키우는 고양이의 경우는 모르는 장소에 두려워하며 숨어 있는 경우가 대부분입니다. 낮에 찾아도 발견되지 않았을 경우에는 밤에 한 번 더 찾아봅니다. 밤이 되고 조용해지면 패닉 상태이던 고양이도 나올 가능성이 있기 때문입니다. 그래도 못 찾았을 경우에는 경찰이나 동물병원, 보호소 등에 연락을 해 봅시다.

6

알아 두면 쓸모 있는
고양이에 대한
지식

세상에는 고양이에 얽힌 이야기가 많습니다. 그중에서도 우리가 알 법하지만 몰랐던, 나도 모르게 '와~'하는 소리가 나올 만큼 재미있고 신기한 이야기를 소개합니다. 이것으로 당신도 고양이 지식왕이 될 수 있습니다!

Q85

영화 〈E.T.〉의 모델이 된 것은 스핑크스 고양이?

스핑크스 고양이는 〈E.T.〉의 모델입니다.

누구나 한 번쯤은 본 적 있는 명작 영화 〈E.T.〉의 모델로 삼은 동물이 있습니다. 그것은 스핑크스라고 하는 고양이입니다. 스핑크스 고양이는 털이 없는 고양이로, 주름이 많은 몸에 휘둥그레한 눈이 트레이드 마크입니다. 그렇다면 E.T.의 얼굴을 떠올려 봅시다. 납득이 되시지요? 스핑크스 고양이는 신경질적인 얼굴을 하고 있지만, 성격이 밝고 사람을 잘 따라서 많은 사람들이 좋아합니다. 그러나 털이 없어서 피부가 민감하고 상처를 입기가 쉬우며 온도 조절도 어렵기 때문에, 키우기 위해서는 주의가 필요합니다.

• 스핑크스 고양이란 바로 이런 고양이 •

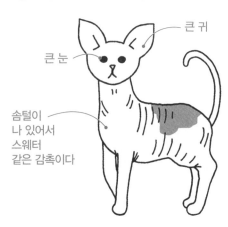

큰 귀

큰 눈

솜털이
나 있어서
스웨터
같은 감촉이다

스핑크스 고양이의 내력
스핑크스 고양이는 돌연변이에 의해 태어난 털이 없는 고양이를 토대로 번식시킨 품종입니다. 캐나다의 토론토에서 태어난 털이 없는 고양이들이 미국이나 네덜란드로 넘어가 데번 렉스와 교배되어 품종으로 확립되었습니다.

A
E.T.의 얼굴을
잘 떠올려봐.
똑 닮았지?!

만약 E.T.가 고양이었다면

사실 E.T.의 모델이
바로 나야.

엥?!

그럼 그거 해 줄래?

친구다냥~

6

알아 두면 쓸모 있는 고양이에 대한 지식

205

Q86

수컷 삼색 털 고양이는 없다는 게 정말일까?

좀처럼 태어나지 않으므로 영물이다?!

흰색, 검은색, 갈색 이렇게 삼색의 털을 가진 삼색 털 고양이. 삼색 털 고양이의 대부분이 암컷이라는 것은 유명한 이야기입니다.

고양이의 성별을 결정하는 것은 성염색체라고 하는 유전자로, 수컷 고양이는 X와 Y, 암컷 고양이는 X와 X라는 성염색체를 가집니다. 이 성염색체에는 털의 색깔을 결정하는 유전자도 실려 있는데 검정이나 갈색 털의 유전자는 X성염색체에만 있습니다. 즉, 삼색 털은 X염색체를 2개 가진 암컷 고양이만 가질 수 있는 것입니다. 하지만 드물게 XXY라는 3개의 염색체를 가진 수컷 고양이가 태어나는 경우도 있는데, 이는 매우 희귀한 일입니다.

수컷 삼색 털 고양이는 좀처럼 없다.

A 유전학상, 수컷은 좀처럼 태어나지 않습니다.

● 수컷 삼색 털 고양이가 적은 이유 ●

갈색 수컷

삼색 털 수컷

검은색 암컷

수컷의 염색체
XY

수컷의 염색체
XXY

암컷의 염색체
XX

성염색체 이상

수컷 삼색 털 고양이가 태어난다는 것은 성별과 털의 색을 결정하는 성염색체가 이상을 일으킨 성염색체 이상인 경우뿐입니다. 좀처럼 태어나지 않는다고 알려져 있는 것은 이 때문이지요.

Q87

고양이의 다양한 품종, 어떻게 생겨난 걸까?

품종이 만들어지는 패턴은 3가지

같은 종류의 고양이들끼리 교배시켜서 반드시 그 종의 특징이 나오도록 하는 것을 '품종 확립'이라고 합니다.

현재 고양이의 품종은 40여 종류가 있다고 알려져 있는데, 그 품종이 태어난 기원은 3가지가 있습니다. 먼저 자연 발생이라고 하는 패턴입니다. 이것은 기후나 환경에 맞춰 독자적인 용모가 된 고양이에 개량을 더해 고정한 것입니다. 노르웨이 숲 고양이나 메인쿤 등이 여기에 해당합니다. 다음으로 돌연변이라고 하는 패턴입니다. 이것은 돌연변이로 나타난 형질을 고정화한 것으로 예를 들면, 귀가 뒤로 향해 있고 말려 있는 아메리칸 컬이나 털이 없는 스핑크스가 여기에 해당합니다. 그리고 세 번째는 순혈종끼리 교배를 시켜서 새로운 품종을 만들어 내는 것입니다. 페르시아 고양이와 아메리칸 쇼트헤어를 교배시켜서 탄생시킨 이그저틱 쇼트헤어나 페르시아 고양이와 버만 고양이의 교배에 의해 탄생한 랙돌 등 '인위적 품종'이라고 불리는 것들이지요. 이렇듯 인간이 품종 개량을 시켜 온 결과, 현대에는 다양한 품종이 탄생했습니다.

랙돌

노르웨이 숲 고양이

A 인간의 개입을 통해 **다양한 품종이** 태어났습니다.

Q88

고대 이집트에서 파라오에게 사랑받던 고양이는?

이집트에서 고양이는 신?!

인류 역사에서 처음으로 고양이를 신으로 받든 것은 리비아 고양이를 가축화했던 고대 이집트인들입니다. 이집트에서는 고양이 이전에 모시던 동물이 있었습니다. 그것은 사자였습니다. 그러나 사자는 길들여서 키우는 것이 힘들었기 때문에, 사자를 대신할 새로운 신앙의 대상으로 겉모습이 닮은 리비아 고양이가 선택되었다고 알려져 있습니다.

고양이가 신앙의 대상이 된 이유는 또 있습니다. 그것은 빛나는 눈동자입니다. 고대 이집트인들은 그 눈동자 속에 '태양신 라'가 깃들어있다고 생각해서 고양이를 신으로 숭상했습니다. 태양이 저문 어둠의 세상에서도 '태양신 라'가 고양이의 모습으로 변화하여 사람들을 지켜 줄 것이라 믿었다고 합니다. 고양이의 신비한 눈에 고대의 사람들도 매료되었던 것이군요.

고양이는 신입니다.

고양이가 신이었다고?

? ?

받으소서.

A 고양이의 선조로 알려진 리비아 고양이입니다.

고양이가 죽으면 눈썹을 깎았습니다.

고대 이집트에서는 고양이가 죽으면 가족 전원이 눈썹을 깎아서 고양이의 죽음을 애도했다고 알려져 있습니다. 또 1890년경에는 이집트의 유적에서 대량의 고양이 미라가 발견되었습니다. 유해는 방부제가 발린 채로 나무나 풀로 만들어진 관에 들어가 있었습니다. 그중에는 수정이나 금으로 만들어진 의안이 장식되어 있거나 죽은 고양이 식사로 쥐의 미라가 놓여 있는 경우도 있었다고 합니다. 이러한 것들을 통해서도 고양이는 고대 이집트인들이 신으로 숭배하며 소중하게 여겼다는 것을 엿볼 수 있습니다.

Q89

개처럼 사람과 함께 일하는 고양이가 있을까?

고양이는 선원들의 수호신

일본에서는 옛날, 선원들이 고양이를 수호신으로 여겨 배에 태웠습니다. 고양이를 태우면 조난 등의 해난 사고로부터 자신들을 지켜 준다고 여겼기 때문입니다. 실제로 자연의 동물들은 천재지변을 파악하는 능력이 사람보다 훨씬 뛰어나기 때문에, 고양이도 그렇게 여겼던 것이지요. 그 밖에도 고양이가 소란을 피우면 습해진다거나 고양이가 자면 날씨가 좋아진다는 등 배 위에서 일기 예보사로 활약했다는 이야기도 있습니다. 또 태어날 일이 별로 없는 수컷 삼색 털 고양이는 아주 귀하게 여겨서, 어딘가에서 태어났다는 얘기가 들리면 어부들은 높은 가격이라고 하더라도 수컷 삼색 털 고양이를 샀다고 합니다.

A 일을 했다기보다는 사람들이 나를 수호신으로 여겼지.

옛날의 페르시아군이 전쟁에 사용했습니다.

　고대 이집트군과 페르시아군이 싸우던 때의 일입니다. 페르시아군은 난공불락이라 여겨지는 이집트를 손쉽게 무찔렀습니다. 그 이유는 바로 페르시아군 병사들이 고양이를 방패에 동여매고 싸웠기 때문이라고 알려져 있습니다. 고양이 방패가 어떠한 효력을 발휘했는가 하면, 당시 이집트에서는 고양이를 신으로 숭배했기 때문에 고대 이집트인들은 고양이를 상처 입힐 수 없었던 것이지요. 그리하여 눈 깜짝할 사이에 이집트는 함락되었고 페르시아군의 승리로 전쟁은 끝이 났습니다. 고양이가 활약했다고는 해도 조금 안타까운 이야기이긴 합니다만, 어찌 됐든 고양이는 옛날부터 이래저래 사람들의 생활과 연관되어 있었군요.

이집트에 이기기 위해

이집트군에 이기기 위해서는…

펠르시아군

고양이 방패다!

냥~

냥

고양이님

Q90

어째서 고양이는 12간지에 안 들어갔을까?

신을 향한 새해 인사에 지각을 해서?!

12간지란 중국에서 전해진 시간의 흐름에 대한 사고방식으로, 12년을 한 묶음으로 해서 외우기 쉽도록 각각의 해에 동물의 이름을 단 것입니다. 그런데 우리들에게 친숙한 고양이가 12간지에 들어 있지 않은 것이 조금 이상하지요? 여기에는 쥐가 장난을 쳤기 때문이라고 하는 12간지에 얽힌 옛날 이야기가 있습니다.

12월의 어느 날, 신은 동물들에게 "정월 초하루에 나의 집에 오는 자, 선착순 12번까지 상을 주겠다"라고 말했습니다. 그래서 고양이는 쥐에게 신의 집에 가는 날짜를 확인했는데, 쥐는 고양이에게 일부러 하루를 늦게 가르쳐 주었습니다. 그리고 거기에 속은 고양이는 결국 12간지에 들어가지 못하게 되었습니다. 그래서 쥐와 고양이의 사이가 나쁜 것은 그때 이후부터 쭉 이어져 왔다는 이야기입니다.

여러 가지 설이
있습니다.

본능에 불이 붙어 쥐를 습격한 것이 원인?!

또 하나, 고양이와 쥐의 옛날 이야기 중에 재밌는 이야기가 있습니다. 부처님이 천국으로 가는 12개의 문을 지킬 수문장을 지상에 있는 동물들 중에서 1년씩 돌아가면서 문을 지키라고 하였습니다. 소문을 듣고 모인 열두 동물이 모였는데, 모든 동물의 무술 스승이었던 고양이가 제일 앞자리에 앉아 있었습니다. 그때는 쥐가 없었다고 합니다.

동물들이 차례로 앉아 기다리고 있는 중에 맨 앞에 있던 고양이가 화장실을 가기 위해 잠시 자리를 비우게 되었습니다. 그러다 하필 고양이가 자리를 비운 사이에 부처님은 열두 수문장을 정하게 되었고, 이때 잠시 구경왔던 쥐는 고양이는 일이 힘들 것 같아 도망가버렸다고 거짓말을 해서 고양이가 맡아야 할 제일 첫 번째 자리를 쥐가 차지하게 되었다고 합니다. 뒤늦게 이 일을 알게 된 고양이는 거짓말을 한 쥐에게 원한을 품어 영원히 앙숙이 되었다고 합니다.

6

알아 두면 쓸모 있는 고양이에 대한 지식

Q91

고양이가 얼굴을 씻으면 비가 내린다?

수염이 공기 중의 습기를 감지한다?!

동물은 자연환경의 변화를 사람보다 빨리, 정확하게 파악한다고 알려져 있습니다. 지진이 일어나기 전의 동물들의 행동이 그것을 잘 이야기해 주고 있지요. 그중에서도 고양이는 감각이 매우 예민한 동물입니다. 길게 기른 수염은 그 중요한 감각 기관 중 하나입니다. 수염이 달린 부분에는 많은 신경이 둘러져 있으며, 수염이 뭔가에 닿으면 바로 '뭔가에 닿았어'라는 지령이 뇌에 전달되는 구조로 되어 있습니다.

고양이는 이 민감한 수염으로 여러 가지 정보를 캐치하며 생활합니다. 그리고 그 민감함을 유지하기 위해 평소에도 수염 관리를 게을리하지 않습니다. 예를 들면, 공기 중의 습기가 많아지면 수염은 수분을 머금고 무거워져서 밑으로 처집니다. 그 기울어짐이 신경을 자극하기 때문에 비가 오기 전 습기가 많을 때는 열심히 수염 관리를 하는 것이 아닐까요? 그래서 일본에서는 얼굴을 문지르듯이 수염 손질을 하는 고양이의 모습에서 '고양이가 얼굴을 씻으면 비가 내린다'라고도 합니다.

부지런 부지런

습기 때문이라는
설이 있습니다.

고양이는 기상 캐스터

오늘의 날씨는 어떨까요?

(수염이 내려가 있다)

· · · ·

(얼굴을 문지르고 있다)

비비적 비비적

냥 씨의 기상 예보 신호에 따르면, 오늘은 비가 내리겠습니다. 우산을 챙겨서 나갑시다.

Q92

고양이가 둔갑을
한다는 게 정말일까?

원래는 중국에서 전해진 이야기입니다.

    중국에서는 수나라 시절, 묘귀라고 하는 요괴 고양이 전설이 있었습니다. 묘귀 이야기란, 고양이가 사람으로 둔갑하거나 사람에게 들러붙어서 사람들을 병에 걸리게 하거나 혹은 사람을 먹거나 금품을 훔쳤다는 이야기입니다. 그것이 일본으로 전해지게 되었습니다.

일본의 네코마타 전설이란?

    고양이가 나이를 먹으면 영력을 가져서 요괴로 변화한다는 이야기입니다. 40~50세까지 산 고양이는 네코마타가 되어 사람의 말을 하고, 두 다리로 걷는다고 전해집니다. 사람을 먹거나 영력을 써서 죽은 사람을 조종한다고 하여 사람들이 두려워했습니다. 꼬리가 긴 고양이는 네코마타로 변한다고 여겨 꼬리가 짧은 고양이가 사랑받았다고 합니다. 그것이 원인이 되어 일본에서는 꼬리가 짧은 고양이가 많아졌다고 알려져 있습니다.

A 일본의 가마쿠라 시대
(1185~1333년) 때
전해진 이야기 때문에 그런
이야기가 나오게 된 거야.

• 이것이 소문의 그 네코마타입니다. •

냐오오오옹~!

6

알아 두면 쓸모 있는 고양이에 대한 지식

Q93

왜 검은 고양이는 불길하다고 전해진 걸까?

중세 유럽에서 고양이는 악마였다?!

15세기 말, 중세 유럽에서는 페스트가 크게 퍼져서 사회적으로 큰 불안이 일어났습니다. 그 사회적 불안은 마녀를 향한 증오로 이어졌고 각지에서 마녀사냥이 이루어져 많은 사람들이 처형당했다고 합니다. 그 즈음, 고양이도 마녀의 앞잡이라고 불리게 되었습니다. 형태가 바뀌는 눈동자와 소리를 내지 않는 걸음걸이 등 사람과는 다른 모습에서 '마녀'와 연관이 지어진 것이지요. 그래서 고양이를 키우는 사람은 마녀로 불렸고, 고양이도 주인과 함께 화형에 처해지는 등 심한 처사를 당했다고 합니다.

페스트의 유행은 마녀 때문?!

> **A** 중세 유럽의
> 마녀 전설에서
> 불똥이 튄 거야.

나라가 바뀌면 미신도 바뀐다?!

'검은 고양이가 눈앞을 지나가면 불행이 일어난다'라는 미신은 워낙 유명해서 여러분도 들은 적이 있을 것입니다. 그런 얘기가 나오게 된 것은, 옛날 미국에서는 흰 고양이는 재수가 좋고, 검은 고양이는 재수가 안 좋다고 여겼기 때문입니다. 한편 영국에서는 반대로, '검은 고양이가 지나가면 행운이 온다'라는 미신이 있습니다. 검은 고양이가 지나가도 아무 일도 일어나지 않았을 때는 악마가 아무 짓도 하지 않고 지나갔다고 여겨서 행운의 징조라고 여겼기 때문입니다. 나라가 다르면 고양이라는 생물에 대한 인식도 크게 바뀌는군요.

6

알아두면 쓸모 있는 고양이에 대한 지식

221

Q94

고양이와 관련된 속담은 얼마나 될까?

고양이와 관련된 속담은 어느 나라에나 있습니다.

　우리나라에도 다양한 고양이 관련 속담이 있습니다. 비록 예전에는 고양이에 대한 인식이 좋지 않아서 사람들은 괜히 고양이를 두려워하기도 하고, 싫어했답니다. 그러나 요즘에는 점차 고양이를 집에서 키우는 사람들이 많아지면서 고양이에 대한 인식이 달라지고 있습니다. 전 세계적으로 고양이가 살고 있는 만큼 각 나라마다 고양이에 관련된 명언들이나 속담들을 찾아볼 수 있습니다. 현재 우리가 생각하는 고양이와 옛날 사람들이 생각하던 고양이와는 어떤 차이가 있을까요?

A 우리나라에도
고양이 관련 속담, 관용구가
아주 많이 있습니다.

관용구 · 속담	의미
고양이 앞에 고기 반찬	자기가 좋아하는 것이면 남이 손대지도 못하게 재빠르게 처치해 버린다는 뜻입니다.
얌전한 고양이 부뚜막에 먼저 올라간다.	겉으로는 얌전하고 순진한 척 하지만, 속으로는 딴짓을 하거나 자기 필요한 것만 먼저 챙기는 경우를 비유적으로 이르는 말입니다.
고양이 세수하듯	세수를 하는데 콧등에 물만 묻히는 정도로 하는둥 마는둥 하는 것을 표현하는 뜻입니다.
고양이한테 생선을 맡긴다.	어떤 일이나 사물을 믿지 못하는 사람에게 맡겨놓아서 마음이 놓이지 않아서 걱정하는 모습을 비유적으로 표현하는 말입니다.
고양이 목에 방울 달기	실행하기 어려운 것을 일부러 의논하는 것을 의미합니다.
고양이 쥐 어르듯	상대편을 자기 마음대로 가지고 노는 모양을 비유적으로 표현한 것입니다.
고양이 털 낸다	아무리 꾸미고, 차림새를 갖추어도 제아무리 가지고 있는 본성은 감추지 못한다는 뜻입니다.
고양이와 개 사이	서로 적대적인, 앙숙인 관계를 의미합니다.
고양이 달걀 굴리듯	무슨 일을 재치 있게 잘하거나 또는 공 같은 것을 재미있게 잘 가지고 노는 것을 표현하는 말입니다.
모내기 때는 고양이 손도 빌린다.	벼농사에서 모내는 시기는 한창 바쁠 때입니다. 그래서 모내는 시기에는 어른, 아이 할 것 없이 전부 다 참여해야 할 정도로 매우 바쁘다는 뜻을 나타냅니다.

6

알아 두면 쓸모 있는 고양이에 대한 지식

223

디자인 – STUDIO DUNK(히라마 교코)
일러스트 – 나나온, 후지사와 미카
집필 협조 – 고토 리오
편집 협조 – 3Season, STUDIO PORTO

몽짓으로 깨닫는
고양이
마음 알기

초판 인쇄일 2020년 7월 22일
초판 발행일 2020년 7월 29일
2쇄 발행일 2022년 5월 23일

감수 다케우치 유카리
옮긴이 허성재
발행인 박정모
등록번호 제9-295호
발행처 도서출판 혜지원
주소 (10881) 경기도 파주시 회동길 445-4(문발동 638) 302호
전화 031) 955-9221~5 팩스 031) 955-9220
홈페이지 www.hyejiwon.co.kr

기획 박혜지
진행 김태호, 박혜지
디자인 조수안
영업마케팅 황대일, 서지영
ISBN 978-89-8379-464-2
정가 13,000원